El estancamiento de la economía mexicana

El Reforma Energética de México

Dionisio Álvarez

A mi esposa Bianca, en especial a mis hijos, David y Lilia,
A mis padres Víctor y María Elena.

Contenido

El estancamiento de la economía mexicana

Rasgos estructurales del modelo de desarrollo secundario-exportador y consecuencias para el dinamismo económico.

A partir de los años cuarenta, México persiguió un modelo de desarrollo hacia adentro con el objetivo de formar un sector industrial para satisfacer las necesidades del mercado interno. El principio de la política proteccionista mexicana en la etapa posrevolucionaria debe situarse en 1947, cuando el gobierno mexicano inició a edificar restricciones cuantitativas a las importaciones y a sustituir con tarifas *ad valorem*[1] las específicas existentes[2]. Al inicio de los años setenta, finalizó un ciclo de desarrollo en México, el proyecto sustituto de importaciones plasmaba signos contundentes de deterioro, porque la vitrina de bienes y servicios sustituibles claramente se había reducido a una pequeña franja de bienes de capital y pocos intermedios que, por razones tecnológicas, no lograban ser producidos y abastecidos internamente (Millán, 1998; Boltvinik; Hernández Laos, 1981).

A partir de la mitad de los ochenta, se emprende un modelo fincado en la exportación de manufacturas, que se le ha llamado secundario-exportador. El resultado más nocivo de tal hecho fue que México disipaba sus capacidades endógenas de crecimiento. En una economía desintegrada, la expansión productiva depende de forma decisiva de la importación de bienes de capital y, en consecuencia, de la disponibilidad de divisas. La falta de divisas vinculada a las dificultades de la balanza de pagos puede obstaculizar la producción o provocar una subutilización del equipo, de tal modo que no sólo la oferta caiga, sino que el empleo sea inestable y los costos de producción se incrementen.[3] Las consecuencias del proteccionismo se aprecian sobre la estructura productiva, la estructura social, la distribución espacial de la población y las relaciones industriales.

Durante un periodo de tiempo, la industrialización sustitutiva satisfizo la demanda de moneda extranjera por medio de la exportación de productos agropecuarios; en el momento que el campo comenzó a deteriorase, esa tarea la desempeñó el turismo y, posteriormente, el endeudamiento externo. Sin embargo, el perfil desintegrado de sistema productivo alcanza otro resultado estructural que probablemente sea de mayor relevancia: Asigna un carácter autoderrotable a la inversión.

Partiendo del agotamiento de la sustitución de importaciones, en México, los bienes de capital

---

[1] *De acuerdo al valor.*
[2] *Enrique Cárdenas, "Lecciones recientes sobre el desarrollo de la economía mexicana y retos para el futuro", en México, Transición económica y comercio exterior, Banco Nacional de Comercio Exterior y Fondo de Cultura Económica, México, 1999, p. 64 y Victor Bulmer-Thomas, La historia económica de América Latina desde la independencia, Fondo de Cultura Económica, México, 2000.*
[3] *Nacional Financiera y Comisión Económica para América Latina y el Caribe, op. cit., p. 49; David Ibarra, "Mercados, desarrollo y política económica", El perfil de México en 1980, vol. I, Siglo XXI, México, 1971.*

son adquiridos en el extranjero. Por lo tanto, la capacidad instalada crece en el país, mientras que el gasto en inversión, que crea los efectos multiplicadores sobre el ingreso y la demanda, necesarios para que esa capacidad se maneje completamente, se escapan hacia el exterior. Los productos permanecen sin demanda y la rentabilidad se derrumba, disminuyendo nuevas olas de inversión[4].

Sin embargo, el carácter desintegrado de aparato productivo tiene otro efecto estructural que quizás sea de mayor peso: impone un carácter autoderrotable a la inversión. Cuando se invierte en México, los bienes de capital deben ser adquiridos en el extranjero. Por tanto, la capacidad instalada se amplía en nuestro país, mientras que el gasto en inversión, que genera los efectos multiplicadores sobre el ingreso y la demanda – necesarios para que esa capacidad se utilice plenamente – se fugan hacia el exterior. Los productos quedan sin demanda y la rentabilidad se abate, desalentando nuevas oleadas de inversión.

La sustitución de importaciones tenía una virtud que se ha soslayado en la mayoría de los análisis, pero que no ha dejado de percibirse en otros (CASAR, 1982): revierte ese carácter autoderrotable de la inversión. Como se ha demostrado en otro trabajo (MILLÁN, 1998), el ingreso nacional y la ganancia pueden expresarse como una función de la sustitución de importaciones, a través del siguiente modelo de origen kaleckiano:[5]

La identidad del ingreso nacional se expresa de la siguiente forma:

$$Y = C + I + G + X - M \qquad (1)$$

El consumo privado puede dividirse entre el consumo de los asalariados (Cw) y el consumo capitalis ta (Ck), de tal forma que:

$$C = Ck + Cw \qquad (2)$$

Si se le llama a p a la participación de las ganancias en ingreso nacional; W, a la masa salarial, y suponemos – con Kalecki (1981) – que los trabajadores no ahorran, entonces:

$$C = cpY + (1 - p) Y \qquad (3)$$

[4] Es de resaltar que, contra lo que sostenia Rostow (1960), la industrialización, correspondiente a lo él llamó "Tercera etapa" o "Despegue Económico" no conduce necesariamente al desarrollo sostenido, en la medida en que no asegura una aparato productivo integrado y una retroalimentación garantizada entre inversión e ingreso.
[5] El desarrollo fue originalmente realizado por Casar (1982) y fue transformado por Millán (1998).

Donde c, es la propensión marginal a consumir de los capitalistas. Las importaciones, a su vez, pueden ser clasificadas en importaciones de bienes de capital (Mk) e importaciones de bienes intermedios y de consumo, que agrupamos con la siguiente nomenclatura: Mnk. De esta forma:

$$M = Mk + Mnk \qquad (4)$$

La desintegración del aparato productivo implica que una cantidad significativa de la inversión se realiza mediante importaciones de capital. Si asumimos – para simplificar – que todos los bienes de capital se importan, entonces:

$$Mk = I \qquad (5)$$

Sustituyendo las expresiones anteriores en la identidad del ingreso nacional, tenemos:

$$Y = cpY + (1 - p)\,Y + G + X - Mnk \qquad (6)$$

Al efectuar operaciones, la expresión anterior se convierte en la siguiente:

$$pY\,(1 - c) = G + X - Mnk \qquad (7)$$

Sea a_{nk} la propensión media a importar bienes de consumo e intermedios:

$$M_{nk} = a_{nk}\,Y \qquad (8)$$

Sustituyendo y realizando operaciones, el ingreso y las ganancias (U) pueden ser expresadas así:

$$Y = \frac{G+X}{p(1-c)+a_{nk}} \qquad (9)$$

$$U = \frac{G+X}{(1-c)+\frac{a_{nk}}{p}} \qquad (10)$$

Incorporemos ahora el proceso de sustitución de importaciones, y sea μ, el coeficiente que da cuenta de este proceso, porque mide la participación de las importaciones en la oferta nacional:

$$\mu = \frac{M}{Y+M} \qquad (11)$$

Si relacionamos este indicador con la propensión a importar:

$$\mu \, (Y + M) = aY \qquad (12)$$

Efectuando operaciones, llegamos a que:

$$a = \frac{\mu}{1 - \mu} \qquad (13)$$

Sustituyendo en la expresión de ingreso y de ganancias:

$$Y = \frac{G + X}{p\,(1 - c) + \dfrac{\mu_{nk}}{1 - \mu_{nk}}} \qquad (14)$$

$$U = \frac{G + X}{(1 - c) + \dfrac{\mu_{nk}}{p\,(1 - \mu_{nk})}} \qquad (15)$$

De esta forma, ambas variables quedan funcionalmente relacionadas con el proceso de sustitución de importaciones. Al intensificarse este proceso, la caída del coeficiente eleva el ingreso, la demanda y las ganancias, generando una tendencia que revierte los efectos negativos que, sobre estas variables, provoca la importación de bienes de capital. La producción potencial puede ahora encontrar mercado, y la rentabilidad se ve favorecida porque las ganancias repuntan con la profundización de la sustitución de importaciones. La inversión puede efectuarse sin más límite que el que le imponen la disponibilidad de divisas y el volumen de ahorro.

El problema surge cuando se agota la sustitución de importaciones: las únicas fuerzas motoras del crecimiento se vuelven las exportaciones, el gasto público y la distribución del ingreso hacia los trabajadores. Estos últimos fueron los ensayos que esgrimieron las administraciones de Luis Echeverría y José López Portillo. Su fracaso consistió en dos razones, una política y otra técnica. La primera fue que ambos mandatarios enfrentaron a una alianza entre empresarios y estratos medios, que se oponían a la expansión del Estado y del gasto público, y que al final acabaron apoyando la transición no sólo hacia una política neoliberal, sino hacia la democracia (MILLÁN, 1998)

La técnica residió en que la expansión del déficit público no tardó en manifestarse en un deterioro de las cuentas externas, como podemos ver a través de la siguiente expresión, que muestra el balance institucional entre el sector externo, el público y el privado:

$$(G - T) + (I - S) = M - X \quad (16)$$

Donde G es gasto público; T, los ingresos del gobierno; I, la inversión privada; X, las exportaciones, y M, las importaciones.

De esta forma, cada vez que se expandía el gasto público y la economía nacional, las importaciones lo hacían aceleradamente hasta incurrir en graves déficit externos y en deterioros significativos de las reservas internacionales. Lo que seguía era la devaluación masiva. Para restituir ese nivel de reservas, se restringían las políticas monetarias y fiscal, llevando a un desplome de la demanda agregada y a una crisis económica. Una vez que las reservas aumentaban, se emprendía de nuevo la expansión del gasto, y el ciclo continuaba hasta desembocar en nuevas crisis. Pero éstas eran cada vez más frecuentes y más severas.

Por otro lado, Luis Echeverría ensayó modificar la distribución del ingreso a favor de los trabajadores (BANCOMEXT, 1971; TELLO, 1979) como un camino adicional de estimular la demanda interna y darle respiración de última hora a la segunda fase sustitutiva. Sin embargo, esa solución técnica no produjo los resultados esperados, en virtud de su influencia sobre las utilidades. Es conocida la proposición kaleckiana que afirma que los cambios en la distribución del ingreso no afectan el nivel de utilidades. Ello se desprende fácilmente de la ecuación (7), que puede ser transformada en las siguientes expresiones:

$$Y = \frac{G + X - M_{nk}}{p(1 - c)} \quad (17)$$

$$U = \frac{G + X - M_{nk}}{1 - c} \quad (18)$$

La primera nos advierte que la redistribución del ingreso a favor de los trabajadores aumenta la demanda agregada, pero la segunda nos confirma que deja inalterado el nivel de utilidades. Así, cada ampliación de la capacidad productiva, se traducirá en una menor rentabilidad, dejando sin resolver el carácter autoderrotable de la inversión. Sin embargo, cuando introducimos la sustitución de importaciones, la distribución del ingreso se vuelve un determinante no sólo del nivel de ingreso sino también de utilidades, como muestra la ecuación (15), pero en un sentido contradictorio: una mayor participación de las remuneraciones laborales en ingreso tiende a abatir el nivel de ganancia y, con

8

ello, la rentabilidad de futuras inversiones, dados los niveles de gasto público y de exportación. En ello residía la pugna de los empresarios contra la política de Luis Echeverría; pero también, la funcionalidad entre concentración del ingreso y el modelo sustitutivo.

Por tanto, la exportación de manufacturas quedó como único instrumento de reactivación y crecimiento económico. Hacia este fin se dirigieron las reformas neoliberales: la apertura comercial y la reducción de la injerencia estatal. La primera tenía dos objetivos: por un lado, reorientar el aparato productivo hacia el exterior, mediante un esquema en el que los empresarios encontrarían más rentable las ventas al exterior que al mercado interno (eliminación del sesgo antiexportador por medio de la reducción de la protección efectiva). El instrumento fue la eliminación de las barreras al comercio y, después, la eliminación de aranceles, cuya mayor expresión fue el tratado de libre comercio con América del Norte (NAFTA). El segundo objetivo, fue hacer más competitiva la economía mexicana mediante una presencia más decidida de los bienes de origen foráneo en el mercado nacional.

Por su parte, la reforma económica del Estado, consistente en disminución del gasto público, aumento de impuestos, la privatización de empresas paraestatales y la eliminación del subsidios, apuntaba a la realineación de los precios relativos, a fin de que este sistema se convirtiera en el único criterio de asignación de recursos, a efecto de que ésta se encuadrara en un esquema eficiente de producción.

Los resultados no se hicieron esperar: para 1988, la manufacturera había desplazado al petróleo como principal rama de exportación, con el 70% de las ventas externas totales, y más adelante llegaría a ser más de 90%. La dinámica exportadora sustituyó al mercado interno como fuente de crecimiento y devino el principal impulsor de la economía. Adicionalmente, en el viejo modelo la producción de bienes duraderos, aunque tenía escasos eslabonamientos con el resto del aparato productivo, generaban efectos hacia delante, en términos de infraestructura. Esos efectos se exportan, lo que origina a los dos instrumentos fundamentales para echar el modelo secundario exportador: la apertura comercial, que baja el sesgo antiexportador, y cambia la rentabilidad a favor del mercado externo y la reforma económica del estado para alinear precios relativos.

La sustitución de importaciones tenía una cualidad que se ha menospreciado en casi todos los análisis, pero que se percibe en otros (Casar, 1982): cambia esa característica autoderrotable de la inversión. Si se analiza el procedimiento propuesto Pinto (1973) para identificar los modelos de desarrollo que ha registrado la historia latinoamericana, se puede aseverar que se tienen los siguientes rasgos estructurales (Millán, 2005):

- La fuerza motriz es la demanda externa. Se comparte con el primario exportador (1870-1930) el hecho de que el ciclo está definido por las oleadas de la demanda internacional. El ciclo mexicano se ha coordinado con el de Estados Unidos de América, al que se vende más de 80% de nuestras exportaciones. Cuando su economía crece, lo hace la Mexicana; cuando decrece, la Mexicana se derrumba (Cuadra, 2008: Ramírez, 2007).

- El sector eje de la economía, es el exportador de manufacturas, principalmente las automotrices. La economía mexicana ha tenido un sector eje que activa a los demás: en la colonia, era la minería; en el Porfiriato, la exportación de bienes primarios; en la primer fase de las sustitución de importaciones la producción industrial de bienes no duraderos; y, en la segunda, los bienes duraderos. Ese sector eje sigue siendo la industria de bienes duraderos, pero su producción se dirige hacia el mercado internacional, y no al interno como se solía hacer en el modelo sustitutivo.

- La contradicción principal se plasma en que el impulso a la exportación demanda reducir el sesgo antiexportador por medio de la apertura comercial; pero ésta conlleva, un desplazamiento de la producción doméstica por la foránea. De esta manera, chocan dos fuerzas en sentido opuesto que impactan en el crecimiento económico: la exportación tiende incitarlo, mientras la penetración de importaciones a reducirlo. Como se ha manifestado (Millán, 1997), la segunda tiende a rebasar a la primera, como consecuencia de las ventas externas se sostienen de insumos y bienes de capital importados y tienen poca capacidad de arrastre sobre el resto de la economía (Hirshman, 1958) mientras que las empresas nacionales no han podido afrontar correctamente las importaciones por su baja competitividad.

La tendencia al estancamiento económico: la evidencia empírica.

El comienzo de la década de 1970 marca una línea divisoria en el desempeño económico de México que tendría enormes repercusiones sobre el nivel de vida de los mexicanos de las generaciones futuras. Dos hechos surgidos bruscamente provocaron un auge inflacionario: por un lado, en 1971 se derrumbó el sistema de Bretton Woods por el abandono del patrón oro por parte de los Estados Unidos, lo que dio lugar a la devaluación del dólar; y por otro lado, el enorme y súbito aumento de los precios del petróleo entre 1975 y 1979.

Autores como Blanco (1981: 297) señalan que la tendencia más característica y general de la economía mexicana en la década de los años setenta fue el estancamiento con inflación. Conviene aclarar aquí que para México el estancamiento económico no fue una contracción de la actividad productiva, sino el registro de una tasa de crecimiento del PIB cada vez menor entre 1970 y 1977. Este fenómeno de un menor crecimiento acompañado de una inflación creciente (pasó de 6.8% en 1972 a 31.2% en 1977) fue una tendencia que afectó prácticamente a la totalidad de los países del mundo capitalista.

Tras 20 años de tipo de cambio fijo, en 1976 se devaluó el peso un 25% respecto al dólar. A partir de ese año las devaluaciones sistemáticas no se detendrían tornando endémicas las altas tasas de inflación. Y aunque el aumento de precios del petróleo en 1973 fue una bendición para las finanzas públicas, esas ganancias inesperadas desataron "una orgía de gasto de gobierno" en las administraciones de Luís Echeverría y de López Portillo que llevaron el déficit público a niveles sin precedentes.

Desde otro enfoque, los cambios que acontecían en la economía internacional también mantenían una presión añadida para que México adoptara transformaciones con tendencias a una mayor integración en los flujos internacionales. Durante los años setenta, la evolución de la productividad en las economías más industrializadas había asentado un significativo adelanto frente a la conducta del crecimiento económico. Pero éste adelanto no tardó en manifestarse en una fuerte caída de la rentabilidad y en un estancamiento económico combinado con fuertes presiones inflacionarias. La estrategia fue la reconfiguración de los procesos productivos petroleros bajo una dimensión internacional, que en la base formaría el principio de la globalización. Trataba de liberar mano de obra de las ramas, sectores y bienes de baja productividad, con el fin de dirigirla hacia la producción de artículos que desde entonces se veían como los más dinámicos en el mercado internacional; por otra parte, la producción de esos sectores y ramas se trasladaba hacia algunas regiones industrializadas del tercer mundo.

Por otro lado, el alto precio del petróleo y las grandes reservas del energético que tenía México provocaron que pudiera acceder a créditos en el mercado internacional, situación que explica que la deuda externa pasara de 8,990 millones de dólares en 1973 a la estratosférica cifra de 97,662 millones de dólares en 1986. Sin embargo, la política monetaria restrictiva aplicada por el Tesoro de Estados Unidos fortaleció al dólar y elevó las tasas de interés (en dólares), por lo que el pago de los intereses de la deuda se volvieron impagables, motivo por el cual se declaró la moratoria de la deuda en 1982.

El año 1982 marca el inicio de una nueva etapa con la instrumentación de un nuevo modelo o paradigma llamado neoliberalismo que pondría fin a la fuerte intervención del Estado en algunas actividades económicas. En esa década arranca un ambicioso programa de desincorporación de empresas públicas, desregulación de la actividad económica, y apertura del sector financiero y en general de toda la economía. En particular, la apertura externa se coronó con la firma y entrada en vigor del Tratado de Libre Comercio de América del Norte (TLCAN) en 1994.

Durante los años ochenta del siglo pasado la economía mexicana se caracterizó por una salida neta de capitales debido al pago de los intereses de la deuda externa, la cual logró ser renegociada en 1989. También en los años ochenta y principios de los noventa, tuvieron lugar los llamados Pactos Económicos que a partir de 1987 lograron reducir y estabilizar la inflación que pasó de un histórico 150% a un 7% en 1994, hasta que la devaluación de diciembre de 1994 y la posterior crisis económica echaron por tierra todo el edificio económico que resultó que estaba apuntalado con alfileres.

La devaluación de 1994 tuvo tres elementos detonantes: un creciente déficit en cuenta corriente, los lamentables asesinatos políticos de 1994 y la información privilegiada a la que tuvieron acceso algunos empresarios que vaciaron las reservas internacionales ante el inminente ajuste cambiario. Esa crisis sólo pudo ser superada gracias al rescate financiero del FMI y del Gobierno de Estados Unidos por 25 mil millones de dólares.

A inicio de la década de 2000-2010, el objetivo de estabilidad económica, reflejada en una tasa de inflación de un dígito. Sin embargo, la estabilidad económica no es garantía de desarrollo y crecimiento económico. El desarrollo económico y el incremento de los niveles de bienestar material de la mayoría de la población mexicana es el gran fracaso de la política económica, y de toda la política en general. Este fracaso, es todavía más alarmante cuando, a la luz de las estadísticas del siglo XX, se hace evidente que desde hace tres generaciones la economía mexicana ha crecido, en promedio, solamente un 2% cada año. Algo estamos haciendo mal y desde hace mucho tiempo, y el horizonte no parecer ser muy alentador.

Pese al éxito de algunas actividades crecientemente ligadas al exterior, el desarrollo de los mercados que anunciaba la era de la apertura y recientemente de la globalización, no ha podido superar la rígida estructura oligopólica de la economía, en la que ya no existen monopolios públicos, sino que destacan empresas relacionadas con el sector de telecomunicaciones y los grupos financieros creados y recompuestos después de las crisis de los años de 1980 y de 1995. Asimismo, el esfuerzo de cambio estructural y modernización realizado no llevó a que hubiese un mejor equilibrio económico regional o sectorial. Ya no se trata simplemente de completar un ciclo de reformas, hace falta más que eso para modular las grandes disparidades y polarización creciente de la economía nacional.

Habrán pasado más de tres décadas de políticas de ajuste y de reformas neoliberales, desde la crisis de la deuda externa en 1982. El predominio de políticas económicas de mercado, así como una introducción pasiva, sujetada a los esquemas de globalización y de integración neoliberal pero con pasos de lento crecimiento económico; poca absorción del empleo en el sector formal de la economía; crecimiento excedido de la economía informal y de la migración hacia Estados Unidos; extranjerización del sistema financiero; desarticulación del sistema productivo y desentendimiento de éste de las necesidades de financiamiento de las industrias nacionales, sobretodo de las pequeñas y medianas; mayor vulnerabilidad externa; pérdida de soberanía política y económica; y aumento de la concentración del ingreso, de la exclusión social y de la pobreza.

Se siguieron usando políticas monetarias y fiscales restrictivas, cuyo propósito explícito es controlar la inflación, pero cuyo propósito implícito es incrementar la atracción de flujos externos de capital y promover al capital financiero internacional; se continuó con una política cambiaria de "flotación administrada" de la moneda, lo que lleva a la apreciación constante del peso mexicano; se mantuvieron los límites salariales y la práctica de fijar los aumentos de salario en función de la inflación esperada y no de la inflación pasada; se mantuvo la política comercial de apertura externa y continua sin existir una política industrial que represente ese nombre. Los flujos privados de capital continúan siendo, al igual que las remesas de trabajadores en el exterior, el mecanismo fundamental de financiamiento del desequilibrio externo; y persiste un endeudamiento acelerado tanto externo como interno.

La apertura externa estableció un papel relevante en la reorientación de la actividad productiva exógena, tanto por sus repercusiones en la competitividad como por la reversión del sesgo antiexportador, que favorecía la rentabilidad relativa del mercado interno. Sin embargo, la apertura instaló dos fuerzas contrarias sobre el crecimiento:

- Las importaciones tienden a desplazar la producción doméstica destinada a abastecer el mercado interno.
- El efecto exportador impulsa la actividad económica.

Las estimaciones sobre el saldo neto de ambas fuerzas calculan que los efectos negativos superan a los positivos (Millán, 2005), reduciendo la tasa potencial del crecimiento. Pero más significativo es que la apertura económica fue llevada a cabo sin un programa que promoviera la desgravación arancelaria con presiones a la competitividad de actividades orientadas a privilegiar el mercado interno; de esta manera, se manifestó una lucha permanente entre el desarrollo del mercado y la promoción de exportaciones.

El resultado de este fenómeno es un relativo estancamiento del PIB per cápita, que amenaza con destruir los círculos virtuosos entre productividad, progreso técnico y mercado interno (Fajnzylber, 1980). De esta manera, se incrementa la distancia que separa al bienestar del desempeño económico y la brecha entre grandes empresas exportadoras y entidades productivas de menor dimensión, normalmente asociadas al mercado interno. La raíz de este comportamiento también incide en la combinación de la política neoliberal y la estructura económica heterogénea e incompleta: al enfrentar una apertura externa abrupta y acelerada, México se vio en la necesidad de endeudarse para reconvertir sus procesos productivos, en un entorno en que eran desplazadas por las importaciones en el mercado interno; sin embargo, la liberación del sistema financiero sin una reforma profunda que incidiera favorablemente en las tasas de interés, obligó a una carga financiera que amenazaba con eliminar del nuevo esquema competitivo.

Desde 2001 se experimenta una nueva etapa de estancamiento, muy parecida a la que prevalecía a principios de los años ochenta. Para el periodo 1994 al 2000 el crecimiento medio anual del producto per cápita apenas fue de 1.64% real y 0.42% de 2000 a 2010, de esta forma de 1982 a 2010 el promedio anual de crecimiento fue 0.46%.

Cuadro 3: Desempeño de Algunas Variables Relevantes de la Economía Mexicana, 1900– 2010

Tasa de Crecimiento Promedio Anual (%)

Período Histórico	PIB Imp.	Precios	PIB Real *cápita*	Dólar[1]	Impor. Totales	Expor. Totales	Impor. USA[2]	Expor. USA[2]	Dinero[3]	Balance Público[4]	Consumo	Inversión
Fin Porfiriato 1900-1910	**3.17**	**5.60**	**2.06**	**-0.27**	**12.82**	**5.96**	**56.95**	**74.47**	**19.81**	**0.55**		
1910-1921	0.67	4.57	1.19	0.13	8.46	10.18						
Revolución												
Reconstrucción del Sistema Político 1921-1940	**1.70**	**0.49**	**0.03**	**5.26**	**-3.12**	**-2.92**	**63.73**	**63.99**	**7.60**[a]	**-0.04**	**0.74**[b]	**5.23**[a]
Lázaro Cárdenas 1935-1940	3.90	8.45	2.14	8.45	3.26	0.52	64.86	68.48	19.14	-0.36	4.14	5.57
Industrialización y Desarrollo Estabilizador 1941-1970	**6.05**	**7.77**	**2.86**	**3.31**	**9.11**	**5.92**	**76.52**	**69.39**	**17.51**	**-0.74**	**5.68**	**7.97**
Manuel Ávila Camacho 1941-1946	5.44	18.35	2.61	-0.04	24.66	18.58	85.69	84.69	25.74	-0.29	5.92	13.19
Miguel Alemán Valdés 1947-1952	6.20	7.80	3.22	12.27	2.31	-2.62	85.14	77.66	16.64	-0.08	4.63	8.28
Adolfo Ruiz Cortines 1953-1958	7.62	8.45	4.41	7.64	6.93	4.87	78.21	62.41	10.29	-0.68	7.95	6.73
Adolfo López Mateos 1959-1964	7.06	4.40	3.54	0.00	8.20	7.27	70.00	61.54	21.57	-0.77	5.83	11.65
Gustavo Díaz Ordaz 1965-1970	6.24	4.18	2.72	0.00	9.90	2.74	63.57	60.67	18.35	-1.88	6.35	5.91
1971-1982	**6.45**	**23.32**	**3.36**	**14.82**	**19.38**	**29.80**	**61.96**	**63.25**	**32.02**	**-7.08**	**5.43**	**7.14**
Luis Echeverría 1971-1976	6.40	15.93	3.03	4.65	22.48	21.77	61.50	64.12	18.13	-6.37	5.75	8.94
José López Portillo 1977-1982	7.13	29.56	4.36	20.30	23.08	38.92	62.42	62.38	47.54	-7.80	5.80	6.89

Cuadro 3: Desempeño de Algunas Variables Relevantes de la Economía Mexicana, 1900- 2010

Tasa de Crecimiento Promedio Anual (%)

Periodo Histórico		PIB Real	Precios	PIB Real per capita	Dólar[1]	Impor. Totales	Expor. Totales	Impor. USA[2]	Expor. USA[2]	Dinero[3]	Balance Público[4]	Consumo	Inversión
Neoliberalismo	1983-2010	2.08	22.92	0.58	17.52	11.71	8.40	62.82	78.63	28.83	-2.49	2.63	4.73
Miguel de la Madrid	1983-1988	1.08	83.31	-1.20	72.41	18.84	3.41	60.51	62.10	84.84	-9.61	1.10	2.18
Carlos Salinas	1989-1994	3.02	16.47	1.08	6.33	17.94	11.60	68.58	77.70	29.19	0.13	4.35	8.74
Ernesto Zedillo	1995-2000	5.45	18.03	3.97	8.05	19.21	15.87	74.37	86.21	23.41	-0.83	5.30	15.03
Vicente Fox	2001-2006	2.89	7.17	1.86	3.13	8.74	9.50	58.86	87.03	12.94	-0.54	3.96	8.26
Felipe Calderón	2007-2010	-0.91	5.48	-1.71	8.09	-2.30	-2.99	46.28	80.84	6.23	-1.17	-0.85	1.93

Notas:
1/ Revaluación (-) y devaluación (+)
2/ Como % de las importaciones o exportaciones totales, se refiere al promedio simple del periodo
3/ Agregado monetario M4
4/ Como % del PIB, se refiere al promedio simple del periodo
a/ 1925-1940
b/ 1926-1940.

Fuente: Elaboración propia con base a los cuadros del Anexo Estadístico.

Durante el primer trimestre de 2013 el PIB creció solo un 0.8 por ciento anual. Las autoridades hacendarias han concluido que la reducción en el crecimiento del país se puede atribuir al débil desempeño de las exportaciones no petroleras. Lo cierto es que esta caída condicionó que el crecimiento durante 2013 no llegara al mismo nivel del año pasado y que, por lo que la economía mexicana no alcanzó un nivel de crecimiento del 3% en ese año, que por sí mismo es insuficiente para cubrir las necesidades de generación de empleos en nuestro país.

Este panorama sugiere que existe una gran vulnerabilidad de la economía mexicana ante los embates externos y que la potencial debilidad del mercado interno podría empeorar la situación aún más. Lo más grave es que la demanda interna no parece recuperarse y más bien el consumo, la inversión y gasto gubernamental han contribuido a la desaceleración reciente.

Sin embargo, la desaceleración económica del año 2013 y el estancamiento en que hemos vivido en los últimos años sugieren que el éxito económico no depende de la implementación de reformas sueltas y de carácter parcial, sino de qué capacidad para introducir y liderar cambios integrales, más allá de las reformas estructurales, en materia de manejo económico que permitan a los actores sortear los problemas reales como son el abandono del campo, el deterioro de la industria, la falta de empleo, la falta de inversión pública y privada y la pérdida de competitividad que son las verdaderas condiciones para promover el crecimiento económico sostenido para tener un estado que sea capaz de articular una política integral que fortalezca la estructura productiva de nuestro país y permita redistribuir los resultados del crecimiento económico, que son las condiciones necesarias para reconstruir el tejido social en México.

Las expectativas de crecimiento para la economía mexicana en 2013 se redujeron marginalmente. El Fondo Monetario Internacional después de que en octubre de 2012 pronosticara un crecimiento de 3.5 por ciento, en abril del año 2013 lo redujo a 3.4 por ciento. De igual manera, las perspectivas de los especialistas en economía del sector privado cayeron, de 3.46 por ciento en marzo, a 3.35 por ciento en abril.

La caída en el pronóstico de crecimiento para la economía nacional se acompañó del descenso en el porcentaje de analistas que consideran que es un buen momento para realizar inversiones, indicador que pasó de 50 a 43 por ciento de marzo a abril del mismo año[6]. Por otro lado, aunque los indicadores de confianza de los productores del sector manufacturero registraron una leve recuperación pasando de 55.79 puntos en marzo a 56.35 en abril, es importante decir, que

---

[6] Banxico. www.banxico.org.mx, 2 de octubre 2014.

dentro de sus componentes destaca la continua reducción de la percepción respecto a la situación económica presente del país, que cayó de 55.97 puntos en enero a 54.64 en abril[7]. En el primer trimestre del año 2013 el PIB apenas creció 0.8 por ciento anual. El deterioro en la actividad económica del país también se observa en la reducción de la dinámica de la actividad industrial que pasó de 121.66 puntos a 121.30 de febrero a marzo, en parte debido al importante retroceso en la actividad minera que se redujo de 102.35 puntos en noviembre hasta 98.4 en marzo.

Gráfica 2
Producto interno bruto trimestral
(Variación anual)

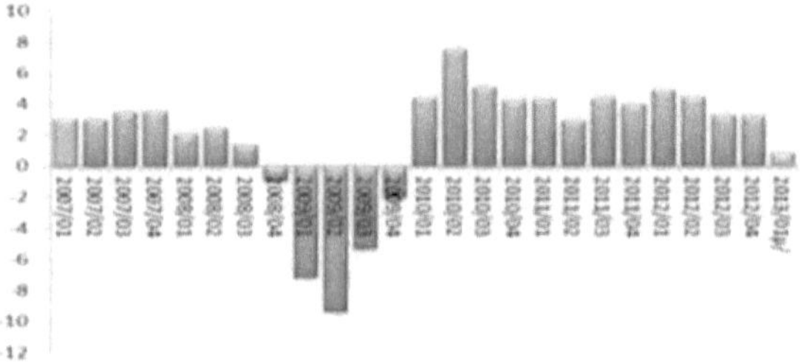

Fuente: INEGI. www.inegi.org.mx, 2 de octubre 2014.

También en el mercado interno se observan resultados a la baja. El índice de ventas al mayoreo luego de registrar 115.64 puntos en septiembre de 2012 a tendido a caer hasta ubicarse en 110.01 puntos en febrero de 2013, mostrado una leve recuperación en marzo con 111.62 puntos. De igual manera las ventas al menudeo, se redujeron pasando de 127.84, a 125.33, con una marginal recuperación 125.65 puntos en el mismo periodo[8]. En el ámbito externo una de las mayores preocupaciones de los especialistas del sector privado es la debilidad del mercado externo y la economía mundial. Al respecto se debe ponerse especial atención a la tendencia a la baja de las exportaciones de petróleo y específicamente a las del petróleo crudo, por ser una importante fuente de recursos para el país. De marzo a abril, estas cayeron en 9.01 y 13.65 por ciento respectivamente[9].

Como resultado de la caída en las exportaciones petroleras se registró una reducción en los ingresos petroleros de 9.0 por ciento en el primer trimestre del año 2013. Provocado, de acuerdo al primer informe trimestral sobre finanzas públicas, por los menores precios de la mezcla mexicana de petróleo, en los mercados internacional en 6.3 por ciento, así como resultado de la apreciación de la paridad cambiaria que pasó de 13.35 pesos por dólar en promedio en el primer trimestre de

[7] *Cifras ajustadas estacionalmente*
[8] *INEGI. www.inegi.org.mx, 2 de octubre 2014.*
[9] *INEGI. www.inegi.org.mx,6 de octubre 2014.*

2012 a 12.77 en el mismo periodo de 2013. También por el lado de la demanda, el consumo interno podría verse afectado como resultado del descenso en 9.9 por ciento de la entrada de remesas internacionales en el primer trimestre del año respecto al mismo periodo del año 2012.

Los datos antes presentados traen como consecuencia que durante el primer trimestre del año 2014 el Producto Interno Bruto (PIB) por habitante en México (PIB per cápita) se ubicó en 10 mil 427 dólares por persona, cifra 3.4% inferior a la registrada en el último trimestre del año pasado y 0.7% menor al de los primeros tres meses de 2013, revelan datos del PIB a pesos corrientes dados a conocer por el Instituto Nacional de Estadística y Geografía. Lo anterior ha sido resultado de factores como el menor dinamismo de la economía local desde el año pasado, con un crecimiento similar al de la población, así como a la depreciación del peso frente al dólar en el primer tercio del año. Mientras que en los últimos cinco trimestres, el crecimiento anual de la economía, en términos reales, ha sido en promedio de 1.2%, la población registra una tasa anual de crecimiento de 1.1%. Lo anterior ha traído como consecuencia un estancamiento del PIB per cápita cuando menos desde mediados de 2012.

Ante el escenario actual, la situación futura del PIB per cápita del país se seguirá tornando incierta mientras no se den cambios en la política económica y social que promuevan un escenario de mayores oportunidades de inversión y empleo que propicien el fortalecimiento de demanda interna. Es imprescindible echar a andar políticas industriales eficientes. Porque si bien es cierto que ninguna economía se puede aislar de los embates externos, si puede procurar que estos la afecten en menor medida si cuenta con un mercado interno suficientemente maduro para amortiguarlos.

Explicaciones del estancamiento económico.

El ritmo de crecimiento de la economía mexicana desde principios de los años ochenta del siglo pasado ha estado muy por debajo de la norma histórica de las cuatro décadas anteriores y por ello los ingresos per cápita han divergido en lugar de converger hacia los niveles alcanzados por las economías industriales avanzadas. En el mundo en desarrollo, México es uno de los países de menor crecimiento en los últimos treinta años.

¿Cómo puede México salir del estancamiento económico en que ha estado sumido en las últimas tres décadas? Pocas preguntas tienen tanta relevancia para el futuro de la sociedad mexicana. Al analizar las reformas económicas y sociales que el gobierno ha emprendido con el fin de sacar a la economía nacional de su trayectoria de lento crecimiento se pueden examinar críticamente las bases analíticas y la evidencia empírica en que se apoyan tesis como la falta de inversión, la productividad total de los factores, la falta de capital humano, la informalidad, las estructuras monopólicas y la ausencia de competitividad, la falta de reformas estructurales y la paradoja de las exportaciones y tipo de cambio. A continuación se exponen cada una de ellas:

3.1. La hipótesis de falta de inversión.

Se plantea que la economía mexicana no tiene problemas por escasez de recursos financieros; se argumenta que el reducido crecimiento económico es resultado de la falta de oportunidades de inversión. Las causas son varias, desatacan problemas con las políticas cambiaria, monetaria, comercial y fiscal de las últimas décadas; y, aspectos institucionales, particularmente en el sistema financiero. El uso prolongado de la tasa cambiaria como ancla de precios, más la apertura comercial y de la cuenta de capitales no son un ambiente propicio para las inversiones en bienes comerciales y estimula los sectores como la vivienda y el consumo. El carácter rentístico del Estado mexicano refuerza la preferencia por la revaluación del tipo de cambio real.

En México, los flujos de recursos externos pueden inducir efectos contrarios a los sugeridos por la teoría neoclásica y, al reforzar las tendencias a la revaluación de la tasa real de cambio, frenan el crecimiento. Hoy la economía mundial parece indicar que el crecimiento sostenido en horizontes temporales amplios, demanda fortalecer los sectores con capacidad de innovación tecnológica, siendo las manufacturas el elemento más dinámico del PIB, del empleo y de las exportaciones. Para ello, con base en las experiencias de China e India, así como otros procesos no tan recientes, como Japón, Corea y Taiwán y, más remotos en el tiempo, como fueron Alemania y Estados Unidos (EU), se argumenta la necesidad de imponer un tipo de cambio en equilibrio, y una política industrial activa.

Debido a que la tasa de interés internacional es menor, los consumidores nacionales adquieren crédito externo, lo cual, contrae el consumo que representa mayores niveles de bienestar y una preferencia superior de los agentes nacionales por el consumo presente. Se presenta déficit en cuenta corriente, financiado con entrada de capitales.

En segundo término, se introduce la función producción resolviendo la disyuntiva: ¿qué proporción del producto total factible, dada la dotación de factores y la tecnología, se ha de consumir hoy y cuánto invertir para incrementar el ingreso y ampliar el consumo futuro? La frontera de posibilidades de producción entre dos períodos. Al abrirse los mercados, el país adquiere deuda externa, la cual tiene dos efectos. En primer lugar, baja la tasa de interés e, incentiva la inversión y desplaza la producción resultando en menor producción en el período inicial y, mayor en el siguiente período. Debido al segundo efecto, el crédito internacional permite adelantar parte del consumo del segundo período al período inicial. En consecuencia supera la producción del período inicial y, es menor que la producción en el segundo período, lo cual induce déficit en cuenta corriente y superávit en la de capital.

Los resultados de este modelo se basan en dos premisas claves. En primer lugar, que en los países en desarrollo las limitaciones al crecimiento y la preferencia por el consumo presente son inducidos por el bajo ahorro y los mercados financieros débiles. De ahí que, mientras mayor sea el acceso a fondos de inversión externa y, mejor la intermediación financiera doméstica, mayor será la inversión, el crecimiento y el bienestar.

Debe resaltarse que la teoría también concede que hay desventajas en la apertura al mercado de capitales. Por varias razones, explicables de manera misteriosa, los movimientos de capital a los países en desarrollo refuerzan el ciclo económico y son inestables. Los flujos de capital externo crecen en épocas de auge y se reducen en las recesiones, como lo sucedido en México durante las crisis de 1982 y 1994. Se argumenta que el retiro de crédito externo, es el castigo de los inversionistas, a la irresponsabilidad fiscal gubernamental. Por otra parte, grandes entradas de capital inducen grandes salidas, sin que medie razón alguna para el cambio; el contagio muchas veces se disemina a países no directamente relacionados y con "fundamentos" sólidos; las recesiones en los países en desarrollo han sido tan fuertes que es difícil argüir que la globalización financiera los haya beneficiado. Si bien se reconoce el potencial de interacciones adversas entre los incentivos de los prestamistas externos y los prestatarios internos, se supone que estos riesgos pueden ser atenuados con adecuada supervisión y regulación. Por consiguiente, se aboga que los responsables de la política económica deben crear instituciones de supervisión y regulación –lo cual no ha sucedido ni en los países desarrollados–.

El argumento ortodoxo se resume en:

a) Los países en desarrollo necesitan capital extranjero para crecer y maximizar su bienestar

b) El capital extranjero tiene riesgos, que exigen a los países políticas macroeconómicas prudentes y regulación apropiada

c) La apertura a los mercados de capitales demanda a los países en desarrollo mayor ortodoxia macroeconómica y mejor capacidad regulatoria.

En este contexto, la entrada de capitales puede promover el crecimiento sólo en los países en desarrollo que cumplen algunos requisitos previos, destacándose el desarrollo de los derechos de propiedad, el fortalecimiento del sistema jurídico, menor corrupción, mejoramiento de la calidad de la información financiera y de la gestión empresarial y, el retiro del gobierno de la dirección del crédito.

Se ha encontrado una correlación positiva y significativa, entre el superávit de la cuenta corriente y el crecimiento del PIB de los países no industrializados. Dicha correlación directa se sostiene después de controlar los determinantes estándar del crecimiento, Prasad, Rajan y Subramanian (2007). Los países que tuvieron altos cocientes de inversión con respecto al PIB, y menor dependencia de capital extranjero –pequeños déficit en cuenta corriente, o superávit–, crecieron más rápidamente que los países con altos porcentajes de inversión con respecto al PIB, pero mayor participación del capital extranjero. Dos argumentos no excluyentes resaltan esta paradoja. Es posible que, si un país en desarrollo tiene buenas oportunidades de inversión y mayores ingresos, la principal fuente de financiamiento sea el capital nacional porque, probablemente, en estas economías no existan mecanismos financieros internos para canalizar el capital extranjero hacia las inversiones. De hecho, en los países con crecimiento económico puede tener lugar un aumento del ahorro, debido a la baja elasticidad ingreso del consumo. La mayor disponibilidad de ahorro interno reduce la demanda por ahorro externo y, la falta de acceso al crédito de consumo refuerza este fenómeno pues los hogares no pueden ignorar su ingreso futuro para incrementar el consumo presente.

Por tanto, en los países pobres con crecimiento acelerado, la debilidad del sistema financiero doméstico impide canalizar recursos hacia la expansión del consumo y es factible que no estén en condiciones de absorber el capital extranjero para financiar el crecimiento, o no lo requieran. Una visión más pesimista considera que el capital extranjero no sólo es ineficaz, si no perjudicial, puesto que revalúa la moneda nacional y reduce la rentabilidad de las inversiones más allá del efecto derivado de las ineficiencias del sistema financiero. La sobrevaluación generada por el ingreso del capital extranjero afecta negativamente la producción y el empleo en los sectores comercializables, restringe las exportaciones y estimula las importaciones. Estos efectos son particularmente nocivos para las manufacturas (Puyana, A. y Romero, J., 2009).

El crecimiento de las exportaciones manufactureras es considerado crucial para el crecimiento y para superar algunos obstáculos al desarrollo (Rodrik, D., 2005). Es factible que los flujos de capital externo a economías con sistemas financieros frágiles, generen inversión en sectores no comerciables, como la construcción o, de consumo duradero; mientras que por la sobrevaluación del tipo de cambio, las manufacturas se consideran más riesgosas y menos rentables. El subdesarrollo financiero magnifica los efectos de los flujos de capital extranjero sobre la tasa de cambio real y el capital extranjero puede perpetuar el subdesarrollo.

3.2. La hipótesis de la productividad total de los factores

La tesis parte de los llamados ejercicios de contabilidad del crecimiento. La conclusión de estos ejercicios es que la desaceleración del crecimiento económico no es atribuible a una baja tasa de acumulación de factores sino al lento crecimiento de la productividad total de los factores (PTF).

Un ejercicio de contabilidad del crecimiento			
Fuentes de crecimiento, 1960-200 3			
	1960-79	1980-200 3	1996-200 3
Crecimiento del PIB real	6.5	2.6	3.5
Tasas de crecimiento (%)			
Capital	6.1	3.4	3.8
Trabajo	3.6	3.0	2.4
PTF	2.1	-0.5	0.7
Contribuciones al crecimiento			
(en puntos porcentuales)			
Capital	2.0	1.1	1.2
Trabajo	2.4	2.0	1.6
PTF	2.1	-0.5	0.7

Fuente: FAAL (2005)

En realidad, el crecimiento de la productividad es en gran medida endógeno, un subproducto de la acumulación de capital y la expansión del producto como consecuencia del progreso técnico incorporado, de la presencia de rendimientos crecientes a escala, de los efectos negativos sobre la productividad de los excedentes de trabajo en sectores que no presentan rendimientos crecientes y, especialmente importante en países en desarrollo, del rol de las ganancias de productividad derivadas de la reasignación de la fuerza de trabajo entre sectores.

La tendencia de las tasas de crecimiento de la productividad sigue de cerca a la de la tasa de acumulación de capital y las tres tasas se mueven in tandem.

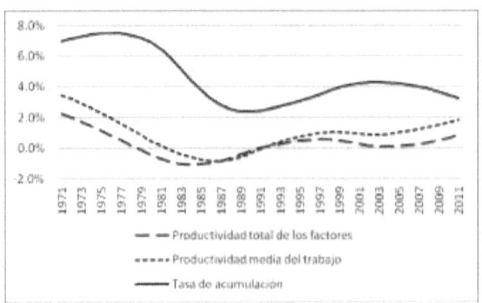

3.3. La hipótesis de falta de capital humano.

Al plantear el desarrollo económico como el principal objetivo de los países del mundo, es necesario reconocer que muchas son las variables que inciden sobre el mismo. Una rápida mirada por la literatura empírica (Barro, 1991; Ros, 2003; Benhabib y Spiegel, 2005) permite suponer que las diferencias de ingresos entre las distintas economías del mundo se encuentran relacionadas con la gran brecha existente entre las tasas de productividad. Los diferenciales en el stock de capital por trabajador y el nivel de educación de la fuerza laboral, a su vez, explicarían la mayor parte de dicho gap. La aceleración en la acumulación de capital físico y humano es la característica que distinguió a las economías ricas durante los años iniciales de su proceso de desarrollo.

Por otra parte, aquellas economías mostraban niveles moderados de escolarización al inicio de dicho proceso. El rápido crecimiento del ratio capital-producto estuvo fuertemente asociado al aumento del producto por trabajador, a un relativamente alto nivel de educación, y a una rápida industrialización. En contraste, los países aún hoy no desarrollados muestran bajos niveles de escolarización y un lento proceso de expansión industrial. Azariadis y Drazen (1990) y Accinelli, Brida y London (2007) sugieren que un nivel crítico de capital humano es una condición necesaria aunque no suficiente para producir el despegue en el crecimiento económico de un país. En general, las regiones de América Latina poseían altos niveles de educación al inicio de la década de 1960 y, sin embargo, las tasas de crecimiento fueron muy reducidas desde entonces. Estudios recientes muestran que el impacto de la acumulación de capital humano en el crecimiento económico de los países de ingresos medios y bajos, podría ser más fuerte que en los países de ingresos altos (Barro y Sala-i-Martin, 2004; Sherman y Poirier, 2007; Vandenbussche, Aghion y Meghir, 2006).

El capital humano como factor de la producción, la importancia de la inversión en educación y la necesidad de valuación de los costos e ingresos derivados de ello, toman relevancia a mediados del siglo xx a partir de los trabajos de Becker (1959) y Schultz (1961). Pero su inclusión formal como variable en modelos dentro de la Teoría de Crecimiento Económico es más reciente.

En el análisis pionero de Solow (1956), la única fuente de avance económico era el incremento de la capacidad productiva a través del aumento de los factores. Dados los rendimientos marginales decrecientes, esta acumulación tenía límites y la economía convergía a un estado estacionario (esto es, tasas de incremento del producto per cápita nulas). Sin embargo, la realidad mostraba otra cosa. Los aumentos del producto en los años posteriores fueron grandes en los países hoy desarrollados, en comparación con el incremento en la cantidad de los factores de producción. Existía una diferencia o residuo muy importante, y el crecimiento parecía no detenerse. A esta diferencia se la incorporó como "progreso técnico". Tal cuerpo teórico no había sido capaz de explicar tampoco las diferencias sistemáticas persistentes en las tasas de crecimiento de los diferentes países del mundo (Accinelli et al., 2007).

Como señalaba Schultz (1961:7), "decir que la discrepancia es la medida de la productividad de los recursos, da un nombre a nuestra ignorancia, pero no la elimina". Según el autor, las fuerzas que explicaban la diferencia entre la tasa de crecimiento real y la predicha por el modelo neoclásico, eran los rendimientos de la producción a gran escala y las grandes mejoras en la calidad de los factores. Y más aún, las mejoras en capital físico sólo causarían pequeñas discrepancias en comparación con las que causarían las mejoras en la capacidad humana. Schultz (op. cit.) reconoció la existencia de cinco factores que integrarían la noción de "capital humano":

i) Las facilidades y servicios en salud, y en general, todo aquello que incrementara la esperanza de vida, la fuerza y resistencia de las personas

ii) La capacitación en el lugar de trabajo

iii) La educación formal, dividida en ciclos

iv) Los programas de estudio para adultos no organizados por empresa

v) La migración de las personas y familias para ajustarse a las oportunidades de empleo.

Según este autor, era la educación la que había aumentado a un ritmo muy rápido y podía explicar, por sí sola, una parte considerable del aumento del producto. Las primeras aproximaciones que lo introdujeron en modelos de crecimiento fueron las de Uzawa (1965) y Nelson y Phelps (1966). En el trabajo de estos últimos, se expresa el término representativo del progreso técnico como una función de la fuerza de trabajo destinada a investigación. Uzawa (1965), por su parte, introdujo dos ideas fundamentales. En primer lugar, el trabajo puede ser dividido en productivo y educacional. El primero es utilizado en la producción de bienes. El segundo incluye "personal que enseña", permanentemente separado del sector productivo, y "personal que aprende", el cual se unirá a la fuerza productora de bienes. En segundo lugar, la tasa de incremento del progreso técnico aumentativo del trabajo es una función cóncava y creciente de la proporción de la fuerza de trabajo dedicada al sector educación.

Según Sala-i-Martin (1995), la alta complejidad de los modelos matemáticos y el alejamiento de la realidad condujeron a la teoría del crecimiento al estancamiento, hasta que en la década de 1980, la Teoría de Crecimiento Endógeno buscó nuevas respuestas. La eliminación del supuesto de rendimientos marginales decrecientes del factor acumulable fue crucial. Algunos autores (Romer, 1990; Aghion y Howitt, 1992; Grossman y Helpman, 1991), utilizaron mercados de competencia imperfecta, donde las externalidades generadas por las inversiones en investigación y desarrollo generaban crecimiento endógeno (los modelos denominados de segunda generación). Otra serie de modelos (de primera generación), introdujeron al análisis las externalidades y el capital humano directamente como un factor más de la producción (Romer, 1986; Lucas, 1988; Rebelo, 1991; Mankiw et al; 1992).

En particular, retomando las ideas de Uzawa (1965), Lucas (1988) postuló un modelo de dos sectores, donde el sector productor de capital humano es más intensivo en el uso de este factor que el sector productor de bienes. Además, existe una externalidad del stock medio de capital humano en la producción de bienes. El supuesto importante del modelo es que la generación de capital humano se realiza sólo con la utilización de este mismo factor bajo rendimientos constantes.

Desde los estudios empíricos, varios autores también han corroborado la importancia de la educación como factor preponderante en la explicación del crecimiento económico (Barro, 1991; Stengos y Savvides, 2009; Barro y Lee, 2010; entre otros).

Asimismo, es necesario reconocer que muchas son las variables (demográficas, sociales, históricas y económicas) que influyen sobre la relación inversión en capital humano– crecimiento, y estas interconexiones arrojarán resultados diferentes según las condiciones iniciales de la economía (si esta se trata de un país al comienzo de sus estadios de desarrollo o no). Ciertos autores han introducido como variable adicional de estudio el grado de desigualdad existente y la heterogeneidad de los recursos iniciales (Loury 1981; Galor y Zeira, 1993; Chiu, 1998; Rojas, 2008), la estructura y los cambios demográficos (Becker y Barro, 1988; Becker et al., 1990), la estructura del mercado laboral (Becker y Murphy, 1992), los problemas de financiamiento (London y Santos, 2007; Rojas, 2010), etc.

Por supuesto, se reconoce la existencia de otros factores adicionales que podrían estar alterando la relación capital humano/crecimiento económico mostrada por los modelos habitualmente estudiados, como por ejemplo cuestiones de calidad educativa o referente a la federalización o descentralización de la educación. Sin embargo, dada la compleja estructura que acarrearía el estudio de todos estos elementos conjuntamente, suele hacerse abstracción con el objetivo de dar tratamiento por separado a cada una de estas problemáticas.

3.4. La hipótesis de la paradoja: exportaciones, competitividad y tipo de cambio.

En las últimas décadas el Banco de México, a fin de controlar la inflación, optó por mantener estable el tipo de cambio nominal, a un nivel que implica la sobrevaluación del tipo de cambio real. Ello desalienta la producción de bienes comerciables, con todos sus conocidos efectos desastrosos sobre el aparato productivo nacional.

A primera vista parecería que el impacto del tipo de cambio sobre los precios es escaso y, cada vez menor, dado que el PIB está integrado mayoritariamente por bienes no comerciables y, todo parece sugerir que su peso puede seguir al alza (60.9% en 1960, 66.8% en 2003 y 73% en 2009),[10] mientras que la participación de los bienes comerciales desciende desde 39.1% registrado en 1960 a 33.2% en 2003 y finalmente a 23.2% en 2009.[11] Estos cambios se deben a la contracción acelerada de los sectores que compiten con las importaciones, especialmente la agricultura y, algunas ramas productivas intensivas en mano de obra, como textiles y confecciones y, el ascenso de la maquila, incapaz de integrar valor agregado manufacturero. La menor participación de los sectores comerciables en el PIB intensifica la relación entre tipo de cambio y el nivel de precios.

Los períodos prolongados de sobrevaluación del peso inducen retroceso o destrucción de

---

[10] *Incluye la suma del valor agregado de los sectores construcción, electricidad y demás servicios.*
[11] *Incluye la suma del valor agregado de los sectores agropecuario, minero y manufacturero*

parte del aparato productivo que compite con importaciones que sustituye la oferta nacional de bienes de consumo final por importados. Se ha verificado un proceso de sustitución de valor agregado y empleo doméstico por el importado. El efecto de la sobrevaluación es una reducción de precios de los bienes importados y aumento de los precios de los bienes nacionales que se revierte cuando el tipo de cambio se devalúa. Normalmente se asume que un ajuste en el tipo de cambio se transmite a los precios a través de los salarios nominales.

Puyana y Romero (2009) encontraron, primero, que una revaluación de 1% en el tipo de cambio nominal, eleva los salarios inmediatamente en 0.23%, y, en 0.59% en períodos posteriores; segundo, una depreciación de 1% incrementa los salarios en 0.82%, mientras que un incremento de 1% en los salarios eleva los precios en igual proporción; tercero, el crecimiento de 1% de la productividad laboral, se traduce en un decremento idéntico de los precios. Por tanto, los precios no cambiarían si la variación de los salarios nominales es seguida un cambio idéntico en la productividad. En conclusión, una depreciación del peso de 1% induce un incremento menor en los salarios, aún sin considerar aumentos de productividad.

Cuando un país adopta una estructura de tipo de cambio flexible, la libre movilidad de capitales no esteriliza los influjos externos, el efecto de un incremento de las reservas internacionales –por superávit en la balanza de pagos– genera un aumento en la base monetaria y, se supone que, de igual manera, aumenta la oferta monetaria, estimula la actividad económica y, reduce el superávit en la cuenta corriente (o aumenta el déficit). Al mismo tiempo deprime la tasa de interés y, con ello comprime el superávit en la balanza de capitales (o aumenta el déficit). Estos movimientos pueden inducir la depreciación del tipo de cambio y eliminar el superávit en la balanza de pagos, concluyendo la expansión de la cantidad de dinero.

Con la esterilización de los flujos de capital externo, un país puede mantener, por largos períodos de tiempo, el superávit en la balanza de pagos y acumular reservas, manteniendo estable el tipo de cambio nominal. Esto se logra cuando el país neutraliza el efecto de un incremento de las reservas internacionales sobre la base monetaria, reduciendo el crédito interno neto. Esto es precisamente lo que ha ocurrido en México en los últimos años.

3.5. La hipótesis de la informalidad

En esta tesis, para decirlo en las palabras de la OCDE, *"la informalidad es una de las principales causas de la baja productividad que frena el crecimiento económico de México."* En un estudio del Banco Interamericano de Desarrollo se dice a propósito de América Latina: *"Esto significa que los bajos niveles de productividad agregados se explican por la abrumadora mayoría de pequeñas empresas y que, por lo tanto, a diferencia de otras regiones del mundo, la presencia avasalladora de microempresas y trabajadores por cuenta propia debe interpretarse como una señal de fracaso, y no de éxito, como a menudo se indica"* (Pagés, 2010, p. 8).

El argumento es que la declinación del crecimiento de la productividad puede ser explicada en gran medida por la expansión de la informalidad, en particular en el sector de servicios (Pagés, 2010). A su vez, las altas tasas de informalidad se originan en mercados de crédito que funcionan mal, altos impuestos y evasión fiscal, una cobertura y cumplimiento desiguales de las políticas sociales y laborales así como en los incentivos a la informalidad introducidos por programas sociales (Levy 2008, Busso, Fazio y Levy 2012).

La evidencia no es favorable a esta hipótesis. En particular, los programas sociales que atienden a los pobres informales no parecen haber tenido un impacto importante en la informalidad (mucho menos en la productividad). El argumento subestima el papel de la acumulación de capital. ¿No es más bien el estancamiento de la productividad una consecuencia, y no una causa, de la falta de crecimiento económico?

En la medida en que el sector informal es producto de la escasez relativa de capital (economía clásica del desarrollo) en el conjunto de la economía y por sí mismo no hace uso de mucho capital este enfoque sobreestima lo que se puede lograr con la eliminación de las fallas y distorsiones que favorecen la supervivencia y la expansión de las empresas de baja productividad. Si al formalizarse se generan incentivos a aumentar la productividad, de donde va a salir el capital para emplear a los trabajadores que dejan de ser informales?

Gráfica de Productividad del trabajo agregada, 1980; 2011

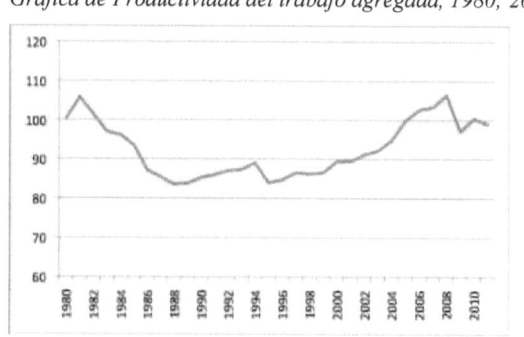

Fuente: Timmer y de Vries (2007) e INEGI.

"La economía mexicana está operando con una ley laboral obsoleta (de la década de

1960) y esto le resta competitividad, flexibilidad y capacidad de crecimiento. Sin una reforma de fondo, México no podrá mejorar su baja productividad laboral..." (OCDE 2012a). Según Chiquiar y Ramos Francia (2009, p. 14): "*...el mercado laboral en México es un buen ejemplo de rigideces de mercado. Varias de las restricciones que actualmente existen, tales como las dificultades para crear contratos de trabajo flexibles y los altos costos de despido, pudieran limitar la flexibilidad con la que los recursos en este mercado son asignados hacia sus usos más productivos y pudieran estar reduciendo los incentivos de invertir en capital humano, afectando así la productividad agregada y el crecimiento potencial*".

La apreciación de que el mercado de trabajo en México es muy rígido para su nivel de desarrollo tiene dos problemas:

- La apreciación se basa en solo un par de indicadores (costo/ dificultad de despido y restricciones a los contratos temporales) pero deja de lado otros aspectos importantes (como salario mínimo, movilidad del trabajo o tasa de sindicalización);
- No toma en cuenta la gran distancia que existe entre diseño legal y desempeño real que resulta de una legislación muy poco efectiva (comparación con Argentina, Brasil y Chile; Bensusán, 2006)

La revisión de los estudios sobre salarios mínimos, protección del empleo y sindicatos en México coincide con la evidencia internacional sobre la importancia de los impactos distributivos de las instituciones del mercado laboral y lo no concluyente de los efectos en el crecimiento. "*En suma, no existe un apoyo fuerte para la proposición de que las instituciones laborales afectan el crecimiento económico positiva o negativamente.*" (Freeman 2010, p. 4682).

3.6 La hipótesis de las estructuras monopólicas y la ausencia de competitividad

Para García Alba, por ejemplo, la falla radica en las dificultades "para acompañar la apertura comercial del país con reformas sectoriales bien planteadas y ejecutadas, para que la apertura del comercio exterior no se vea aquejada por una falta de competitividad en los mercados internacionales, debida a problemas de productividad en el sector de bienes no comerciables con el exterior. Difícilmente podrán competir con los del exterior, si deben pagar precios exorbitantes por financiamiento, transporte, telecomunicaciones, electricidad, y demás insumos que por sus características sólo pueden ser adquiridos en el país." (García Alba, 2006, p. 1).

Según Chiquiar y Ramos Francia (2009, p. 12) "la baja competitividad de México parece estar relacionada con un diseño institucional que fomenta la presencia de estructuras de mercado rígidas y no competitivaś, que a su vez pudieran llevar a una asignación ineficiente de recursos y a un bajo grado de adopción tanto de tecnologías superiores, como de prácticas laborales eficientes".

Cuadro 3.1. Estructuras de mercado y condiciones competitivas en sectores
de insumos no comerciables

Insumos no comerciables	Participación en el mercado de las empresas dominantes
Servicios bancarios	BBVA Bancomer (22%), Banamex (18%), Santander (13%), Banorte (13%) y HSBC (11%) (2012)[1/]
Electricidad	CFE (Monopolio público en la transmisión y distribución)
Telefonía fija	TELMEX (85.6% de los usuarios) (2009)
Telefonía móvil	Telcel (73%), Telefónica (20%), Iusacell (5%) Nextel (2%) (2009)
Publicidad en TV abierta	Televisa (68.3%), TV Azteca (31.2%) Otros (.5%) (2010)
Ferrocarriles	3 monopolios regionales
Líneas aéreas	Aeroméxico 35%, Interjet 27%, Volaris 24% (2011)
Autotransporte de carga	Las 603 empresas más grandes cuentan con 23% de la flota
Agua	Monopolio público

Fuentes: CIDE, COFETEL, Estrada (2 010), Secretaría de Comunicaciones y Transportes (2011)

Banca comercial

- Altos márgenes y costos operativos
- El crédito escaso y caro es un lastre al crecimiento económico
- Problema de alta concentración

La concentración es menor que en el pasado y menor que en otros sectores (transporte aéreo) que se ven como un éxito de la política de competencia.

Electricidad

- Tarifas industriales altas (entre 30% y 80% de las de EU)

- Fenómeno reciente (desde el 2000) asociado a la mezcla de insumos con que se produce electricidad en México (gas natural y combustóleo) en comparación con EU (carbón) y al aumento de los precios relativos de esos insumos

Telefonía y telecomunicaciones
- Tarifas altas (aunque menores hoy en día al promedio de la OCDE) como resultado de altos márgenes y a pesar de costos relativamente bajos
- Altos márgenes y barreras a la entrada un lastre para el crecimiento. Solo si retrasan el progreso técnico en el sector

Gráfica 3.2. Precios de la telefonía fija, móvil y banda ancha en México relativos al promedio de la OCDE

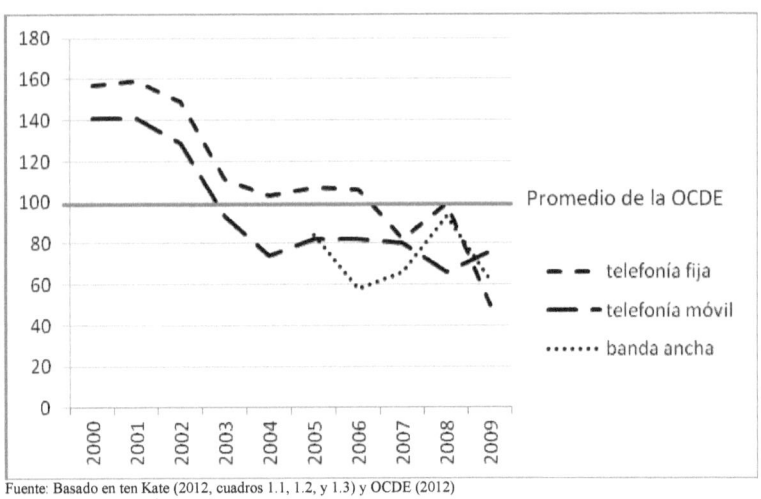

Fuente: Basado en ten Kate (2012, cuadros 1.1, 1.2, y 1.3) y OCDE (2012)

El argumento Smithiano: la competencia atomística es la estructura de mercado más favorable al avance tecnológico: las empresas se ven forzadas a adoptar las técnicas más eficientes para resistir la competencia y con ello se promueve el crecimiento de la productividad. El argumento Schumpeteriano: las rentas monopólicas asociadas con la introducción de nuevos procesos y productos constituyen un estímulo poderoso para la innovación. En su ausencia, los costos fijos involucrados en la investigación y desarrollo no se podrían recuperar al diseminarse amplia e inmediatamente las nuevas tecnologías, desapareciendo así el incentivo a introducirlas. Con ello, las estructuras de mercado más concentradas tienen más posibilidades de hacer avanzar la tecnología y de elevar el crecimiento de la productividad.

En países desarrollados: relación en forma de U invertida entre competencia y crecimiento de la productividad (Aghion y Howitt 2006). Para México: los estudios sobre industria manufacturera muestran efectos schumpeterianos en industrias con alto dinamismo tecnológico (Casar et al. 1990) o en la adopción de tecnología medida por gastos en transferencia de tecnología y regalías (Salgado y Bernal 2007). La industria manufacturera apenas logró recuperar las tasas de crecimiento de la productividad del periodo ISI durante la apertura comercial. El corolario de esta discusión es que las relaciones entre estructura de mercado y crecimiento de la productividad parecen, por decir lo menos, ambiguas y difícilmente justifican colocar este tema en los primeros lugares de una agenda para el crecimiento.

3.6. La hipótesis de la falta de reformas estructurales.

Para Carlos Elizondo Mayer Serra el problema es uno de debilidad institucional frente a los poderes fácticos: *"El problema central se encuentra en la capacidad de ciertos grupos para evitar la formulación y puesta en práctica de políticas públicas favorables al interés general"* (Elizondo, 2011, p. 15). Haciendo referencia a Levy y Walton (2009), Chiquiar y Ramos Francia (2009, p. 12) ven así el problema: *"el marco institucional tiende a promover actividades improductivas de extracción de rentas relativamente más que a incrementar el potencial productivo de la economía".*

El estancamiento económico de México desde 1982 es, hoy en día, un elemento fundamental alrededor del cual gira la agenda de políticas públicas del país. Es en este contexto en el que muchos creen y esperan que la aprobación de varias de las reformas estructurales propuestas por la actual administración lleve a un nuevo periodo de crecimiento económico sostenido en México. En Algunas tesis equivocadas sobre el estancamiento económico de México, Jaime Ros puntualiza *"El argumento central que expongo es que la actual agenda de reformas no va a servir de mucho para salir del estancamiento y que hacerlo demanda cambiar la agenda".*

Los países en desarrollo son pobres porque muchos factores funcionan mal y pretenden enfrentar el subdesarrollo actuando simultáneamente sobre todas las fallas de mercado. A su vez, el gobierno cree que se puede pasar del subdesarrollo al desarrollo de un jalón gracias a una coordinación perfecta de reformas en todos los ámbitos, siempre que se respeten los mecanismos del mercado. El desarrollo se logra en una secuencia de pequeños cambios graduales con el objetivo de eliminar o mitigar los principales frenos al crecimiento, resaltándose que no hay recetas universales ni atemporales (Rodrik, 2005).

Muchos análisis sobre la relación entre apertura del mercado de capitales y crecimiento económico en economías en desarrollo no distinguen el efecto de cada una de estas restricciones. Por ejemplo, una mejora en la intermediación financiera expande el ahorro interno y mejora el acceso al financiamiento interno. En las economías con restricciones de inversión, el efecto directo sobre la inversión sería limitado. Pero, el aumento del ahorro interno impacta positivamente en el tipo de cambio real, depreciándole; lo cual eleva la rentabilidad de la inversión doméstica y, el aumento del ahorro interno en relación a las inversiones reduce la entrada neta de capitales. Hay una diferencia fundamental entre el financiamiento interno y el externo; mejoras en el segundo aprecian el tipo de cambio real y, en el primero inducen una depreciación.

En México, los diagnósticos de las crisis han sido equivocados. La crisis de la deuda de 1982 se consideró como resultado, casi exclusivamente, de "los excesos fiscales" y se señaló que había un problema de iliquidez, en vez, insolvencia, debido a la caída de los precios y el volumen de las exportaciones e, incremento de los intereses. Bajo dichas consideraciones se impusieron política públicas contraccionistas y se abrió el período de las reformas estructurales. El gasto público sólo financiaría la provisión de bienes públicos básicos para aliviar la carga fiscal y se estimularía el ahorro y la inversión privada, que reemplazarían la pública, que cayó entre 1 y 2% del PIB, mientras se expandía el gasto corriente.

La meta de la disciplina fiscal fue lograr déficit cero o, incluso, superávit de pocos puntos porcentuales del PIB, lo cual, se debía complementar, primero, con la restricción monetaria y, la libre flotación de la moneda nacional; segundo, con la apertura de la cuenta de capitales y del comercio exterior y, por último, con la contracción de la demanda final desvalorizando las remuneraciones reales. El déficit fiscal se contrajo, la formación bruta de capital en relación al PIB se debilitó y, el tipo de cambio se revaluó. En el caso de la economía mexicana, y de otros países petroleros, la renta petrolera permitió financiar el gasto corriente y, como en muchas otras economías, se pidió al Banco Central mantener la estabilidad de precios y perfeccionar el sector financiero.

A raíz de las crisis que, desde inicios de 2007 se gestaban en las economías desarrolladas, se desató un debate sobre la política fiscal y el papel del gasto público en la actividad económica; el cual estremeció los cimientos de la teoría neoclásica y los fundamentos de las reformas estructurales. En México la respuesta a la crisis ha sido distinta y poco activa. Se modifica muy poco la política de gasto público y la impositiva y se mantiene la política de control del déficit público sostenida durante años (SHCP, 2009-2013). Por la misma razón, la preocupación del efecto del déficit en las cuentas fiscales sobre la cuenta corriente y, de ésta sobre el tipo de cambio, en el presupuesto para el año 2010 se contempla contraer el gasto y elevar algunos impuestos y el precio de la gasolina y otros energéticos. La falta de inversiones suficientes en infraestructura o, en capital humano, producto de la astringencia fiscal, tiene severos costos en términos de crecimiento, reduciendo la rentabilidad de la inversión (Calderón y Servén, 2004b).

ANEXO ESTADÍSTICO

CUADRO A1
MEXICO: PIB REAL, PIB NOMINAL Y DEFLACTOR DEL PIB, 1900-2010

AÑO	PIB Real (Miles de Pesos de 1980)	Var. %	PIB Nominal (Miles de Pesos)	Deflactor del PIB (1980 = 100)	Var. %
1900	191,601.0		1,317.0	0.7	
1901	207,881.0	8.5	1,774.0	0.9	24.2
1902	192,853.0	-7.2	1,672.0	0.9	1.6
1903	214,142.0	11.0	1,859.0	0.9	0.1
1904	217,899.0	1.8	1,836.0	0.8	-2.9
1905	240,440.0	10.3	2,273.0	0.9	12.2
1906	237,936.0	-1.0	2,217.0	0.9	-1.4
1907	251,711.0	5.8	2,347.0	0.9	0.1
1908	261,711.0	0.0	2,408.0	0.9	-1.3
1909	259,225.0	3.0	2,643.0	1.0	10.8
1910	261,729.0	1.0	3,101.0	1.2	16.2
1921	281,765.0		5,455.0	1.9	
1922	288,027.0	2.2	4,590.0	1.6	-17.7
1923	298,046.0	3.5	5,014.0	1.7	5.6
1924	293,037.0	-1.7	4,633.0	1.6	-6.0
1925	311,821.0	6.4	5,239.0	1.7	6.3
1926	329,353.0	5.6	5,469.0	1.7	-1.2
1927	315,678.0	-4.2	4,987.0	1.6	-4.9
1928	316,830.0	0.4	5,018.0	1.6	0.3
1929	305,560.0	-3.7	4,863.0	1.6	0.5
1930	285,523.0	-6.6	4,668.0	1.6	2.7
1931	295,541.0	3.5	4,219.0	1.4	-12.7
1932	251,711.0	-14.8	3,206.0	1.3	-10.8
1933	279,261.0	11.0	3,782.0	1.4	6.3
1934	298,046.0	6.7	4,151.0	1.4	2.8
1935	320,587.0	7.6	4,540.0	1.4	1.7
1936	346,885.0	8.2	5,346.0	1.5	8.8
1937	358,156.0	3.3	6,800.0	1.9	23.2
1938	363,165.0	1.4	7,281.0	2.0	5.6
1939	383,202.0	5.5	7,785.0	2.0	1.3
1940	388,211.0	1.3	8,249.0	2.1	4.6
1941	425,780.0	9.7	9,232.0	2.2	2.0
1942	450,826.0	5.9	10,681.0	2.4	9.3
1943	467,105.0	3.6	13,035.0	2.8	17.8
1944	504,674.0	8.0	18,801.0	3.7	33.5
1945	520,954.0	3.2	20,566.0	3.9	6.0
1946	554,766.0	6.5	27,930.0	5.0	27.5
1947	574,803.0	3.6	31,023.0	5.4	7.2
1948	597,344.0	3.9	33,101.0	5.5	2.7
1949	631,156.0	6.7	36,412.0	5.8	4.1
1950	692,518.0	9.7	42,163.0	6.1	5.5
1951	746,367.0	7.8	54,375.0	7.3	19.7
1952	776,422.0	4.0	60,993.0	7.9	7.8
1953	778,926.0	0.3	60,664.0	7.8	-0.9

CUADRO A1
MEXICO: PIB REAL, PIB NOMINAL Y DEFLACTOR DEL PIB, 1900-2010

AÑO	PIB Real (Miles de Pesos de 1980)	Var. %	PIB Nominal (Miles de Pesos)	Deflactor del PIB (1980 = 100)	Var. %
1954	856,569.0	10.0	73,936.0	8.6	10.8
1955	929,201.0	8.5	90,053.0	9.7	12.3
1956	993,068.0	6.9	102,920.0	10.4	6.9
1957	1,068,206.0	7.6	118,206.0	11.1	6.8
1958	1,124,569.0	5.3	131,377.0	11.7	5.6
1959	1,158,371.0	3.0	140,772.0	12.2	4.0
1960	1,252,293.0	8.1	159,703.0	12.8	4.9
1961	1,306,383.0	4.3	173,236.0	13.3	4.0
1962	1,364,631.0	4.5	186,781.0	13.7	3.2
1963	1,467,553.0	7.6	207,952.0	14.2	3.5
1964	1,629,151.0	11.0	245,501.0	15.1	6.3
1965	1,729,324.0	6.2	267,420.0	15.5	2.6
1966	1,834,746.0	6.1	297,196.0	16.2	4.7
1967	1,942,169.0	5.9	325,025.0	16.7	3.3
1968	2,125,185.0	9.4	359,858.0	16.9	1.2
1969	2,197,837.0	3.4	397,796.0	18.1	6.9
1970	2,340,751.0	6.5	444,271.0	19.0	4.9
1971	2,428,821.0	3.8	491,027.0	20.2	6.5
1972	2,628,684.0	8.2	567,549.0	21.6	6.8
1973	2,835,328.0	7.9	697,145.0	24.6	13.9
1974	2,999,120.0	5.8	912,506.0	30.4	23.7
1975	3,171,404.0	5.7	1,120,192.0	35.3	16.1
1976	3,311,499.0	4.4	1,402,163.0	42.3	19.9
1977	3,423,780.0	3.4	1,902,065.0	55.6	31.2
1978	3,730,446.0	9.0	2,415,341.0	64.7	16.5
1979	4,092,231.0	9.7	3,185,847.0	77.9	20.2
1980	4,470,077.0	9.2	4,470,077.0	100.0	28.5
1981	4,862,219.0	8.8	6,127,632.0	126.0	26.0
1982	4,831,689.0	-0.5	9,797,791.0	202.8	60.9
1983	4,628,937.0	-4.2	17,878,720.0	386.2	90.5
1984	4,796,050.0	3.6	29,471,575.0	614.5	59.1
1985	4,920,430.0	2.6	47,391,702.0	963.2	56.7
1986	4,735,721.0	-3.8	79,191,300.0	1,672.2	73.6
1987	4,823,604.0	1.9	193,311,500.0	4,007.6	139.7
1988	4,883,679.0	1.3	390,451,300.0	7,995.0	99.5
1989	5,047,209.0	3.4	507,618,472.0	10,057.4	25.8
1990	5,271,539.0	4.4	686,405,700.0	13,021.0	29.5
1991	5,462,729.0	3.6	865,165,700.0	15,837.6	21.6
1992	5,615,955.0	2.8	1,019,156,000.0	18,147.5	14.6
1993	5,649,674.0	0.6	1,122,928,000.0	19,876.0	9.5
1994	5,857,478.0	3.7	1,262,859,518.7	21,559.8	8.5
1995	5,453,312.0	-6.9	1,621,020,990.6	29,725.4	37.9
1996	5,733,602.8	5.1	2,228,301,590.5	38,863.9	30.7
1997	6,122,085.9	6.8	2,800,116,592.1	45,737.9	17.7
1998	6,422,467.7	4.9	3,389,446,963.8	52,774.8	15.4
1999	6,671,226.2	3.9	4,052,033,439.7	60,739.0	15.1
2000	7,111,659.5	6.6	4,842,314,437.7	68,089.8	12.1

MEXICO: PIB REAL, PIB NOMINAL Y DEFLACTOR DEL PIB, 1900-2010

AÑO	PIB Real (Miles de Pesos de 1980)	Var. %	PIB Nominal (Miles de Pesos)	Deflactor del PIB (1980 = 100)	Var. %
2001	7,100,495.4	-0.2	5,118,916,331.3	72,092.4	5.9
2002	7,159,194.1	0.8	5,520,287,138.3	77,107.7	7.0
2003	7,255,952.6	1.4	6,073,316,132.3	83,701.2	8.6
2004	7,545,887.5	4.0	6,889,172,351.2	91,297.0	9.1
2005	7,788,319.7	3.2	7,437,225,702.5	95,492.0	4.6
2006	8,187,640.8	5.1	8,343,216,733.8	101,900.1	6.7
2007	8,460,271.6	3.3	9,007,381,475.6	106,466.8	4.5
2008	8,574,296.0	1.3	9,734,402,411.2	113,530.0	6.6
2009	7,991,243.9	-6.8	9,522,558,036.8	119,162.4	5.0
2010	8,230,981.2	3.0	10,283,108,759.7	124,931.7	4.8

Fuentes:

Elaboración propia con datos de INEGI (2000), NAFIN (1990), SHCP (2009) y Solís (2000).
Para detalles véase Apéndice Metodológico A.

CUADRO A2
MEXICO: PIB *PER CAPITA* REAL (pesos) Y NOMINAL (dólares), 1900-2010

AÑO	Población[a] (Miles)	PIB *per capita* (Pesos de 1980)	Var. %	Tipo de Cambio[b] (Pesos/Dólar)	Var. %	PIB Nominal (Miles de Dólares)	PIB *per capita* (Dólares)	Var. %
1900	13,607	14.1		2.06	-0.6	638,700.3	46.9	
1901	13,755	15.1	7.3	2.11	2.5	839,167.5	61.0	30.0
1902	13,904	13.9	-8.2	2.39	12.9	700,460.8	50.4	-17.4
1903	14,055	15.2	9.8	2.38	-0.5	782,736.8	55.7	10.5
1904	14,208	15.3	0.7	1.99	-16.2	922,149.7	64.9	16.5
1905	14,363	16.7	9.2	2.02	1.4	1,126,362.7	78.4	20.8
1906	14,519	16.4	-2.1	1.99	-1.3	1,113,510.8	76.7	-2.2
1907	14,676	17.2	4.7	2.01	0.9	1,168,824.7	79.6	3.8
1908	14,836	17.6	2.9	2.01	0.1	1,197,414.2	80.7	1.3
1909	14,997	17.3	-2.0	2.01	0.0	1,314,271.5	87.6	8.6
1910	15,160	17.3	-0.1	2.01	-0.1	1,544,322.7	101.9	16.2
1911	15,083			2.01	0.2			
1912	15,007			2.01	0.0			
1913	14,931			2.08	3.2			
1914	14,855			3.30	58.9			
1915	14,780			11.15	237.8			
1916	14,705			23.83	113.6			
1917	14,630			1.91	-92.0			
1918	14,556			1.81	-5.1			
1919	14,482			1.99	9.9			
1920	14,409			2.01	1.2			
1921	14,335	19.7		2.04	1.4	2,676,643.8	186.7	
1922	14,566	19.8	0.6	2.05	0.6	2,239,024.4	153.7	-17.7
1923	14,801	20.1	1.8	2.06	0.2	2,439,902.7	164.8	7.2
1924	15,039	19.5	-3.2	2.07	0.6	2,240,328.8	149.0	-9.6
1925	15,282	20.4	4.7	2.03	-2.1	2,587,160.5	169.3	13.6
1926	15,528	21.2	3.9	2.07	2.2	2,643,305.9	170.2	0.6
1927	15,778	20.0	-5.7	2.12	2.3	2,356,805.3	149.4	-12.3
1928	16,032	19.8	-1.2	2.08	-1.8	2,414,821.9	150.6	0.8
1929	16,290	18.8	-5.1	2.08	-0.1	2,343,614.5	143.9	-4.5
1930	16,553	17.2	-8.0	2.12	2.3	2,199,811.5	132.9	-7.6
1931	16,840	17.5	1.7	2.43	14.6	1,735,499.8	103.1	-22.5
1932	17,132	14.7	-16.3	3.17	30.4	1,011,356.5	59.0	-42.7
1933	17,429	16.0	9.1	3.53	11.4	1,071,388.1	61.5	4.1
1934	17,731	16.8	4.9	3.60	2.0	1,153,055.6	65.0	5.8
1935	18,038	17.8	5.7	3.60	0.0	1,261,111.1	69.9	7.5
1936	18,350	18.9	6.4	3.60	0.0	1,485,000.0	80.9	15.8
1937	18,668	19.2	1.5	3.60	0.0	1,888,888.9	101.2	25.0
1938	18,991	19.1	-0.3	4.52	25.6	1,610,840.7	84.8	-16.2
1939	19,320	19.8	3.7	5.18	14.6	1,502,895.8	77.8	-8.3
1940	19,653	19.8	-0.4	5.40	4.2	1,527,592.6	77.7	-0.1
1941	20,195	21.1	6.7	4.86	-10.0	1,899,588.5	94.1	21.0
1942	20,715	21.8	3.2	4.85	-0.2	2,202,268.0	106.3	13.0
1943	21,323	21.9	0.7	4.85	0.0	2,687,628.9	126.0	18.6
1944	21,910	23.0	5.1	4.85	0.0	3,876,494.8	176.9	40.4
1945	22,514	23.1	0.5	4.85	0.0	4,240,412.4	188.3	6.5

CUADRO A2
MEXICO: PIB *PER CAPITA* REAL (pesos) Y NOMINAL (dólares), 1900-2010

AÑO	Población[a/] (Miles)	PIB *per capita* (Pesos de 1980)	Var. %	Tipo de Cambio[b/] (Pesos/Dólar)	Var. %	PIB Nominal (Miles de Dólares)	PIB *per capita* (Dólares)	Var.
1946	23,134	24.0	3.6	4.85	0.0	5,758,762.9	248.9	3:
1947	23,771	24.2	0.8	4.85	0.0	6,396,494.8	269.1	?
1948	24,426	24.5	1.1	5.74	18.4	5,766,724.7	236.1	-1:
1949	25,099	25.1	2.8	8.01	39.5	4,545,817.7	181.1	-2:
1950	25,791	26.9	6.8	8.65	8.0	4,874,335.3	189.0	?
1951	26,585	28.1	4.6	8.65	0.0	6,286,127.2	236.5	2:
1952	27,403	28.3	0.9	8.65	0.0	7,051,213.9	257.3	?
1953	28,246	27.6	-2.7	8.65	0.0	7,013,179.2	248.3	-:
1954	29,115	29.4	6.7	11.34	31.1	6,519,929.5	223.9	-?
1955	30,011	31.0	5.2	12.50	10.2	7,204,240.0	240.1	?
1956	30,395	32.7	5.5	12.50	0.0	8,233,600.0	270.9	1:
1957	31,887	33.5	2.5	12.50	0.0	9,456,480.0	296.6	?
1958	32,868	34.2	2.1	12.50	0.0	10,510,160.0	319.8	?
1959	33,880	34.2	-0.1	12.50	0.0	11,261,760.0	332.4	?
1960	34,923	35.9	4.9	12.50	0.0	12,776,240.0	365.8	1(
1961	36,188	36.1	0.7	12.50	0.0	13,858,880.0	383.0	?
1962	37,427	36.5	1.0	12.50	0.0	14,942,480.0	399.2	?
1963	38,708	37.9	4.0	12.50	0.0	16,636,160.0	429.8	?
1964	40,033	40.7	7.3	12.50	0.0	19,640,080.0	490.6	1?
1965	41,404	41.8	2.6	12.50	0.0	21,393,600.0	516.7	?
1966	42,821	42.8	2.6	12.50	0.0	23,775,680.0	555.2	?
1967	44,287	43.9	2.4	12.50	0.0	26,002,000.0	587.1	?
1968	45,803	46.4	5.8	12.50	0.0	28,788,640.0	628.5	?
1969	47,371	46.4	0.0	12.50	0.0	31,823,680.0	671.8	(
1970	48,996	47.8	3.0	12.50	0.0	35,541,680.0	725.4	?
1971	50,596	48.0	0.5	12.50	0.0	39,282,160.0	776.4	?
1972	52,249	50.3	4.8	12.50	0.0	45,403,920.0	869.0	1?
1973	53,955	52.5	4.5	12.50	0.0	55,771,600.0	1,033.7	1?
1974	55,717	53.8	2.4	12.50	0.0	73,000,480.0	1,310.2	2(
1975	57,537	55.1	2.4	12.50	0.0	89,615,360.0	1,557.5	1?
1976	59,416	55.7	1.1	15.69	25.5	89,366,666.7	1,504.1	-:
1977	61,357	55.8	0.1	22.69	44.6	83,828,338.5	1,366.2	-?
1978	63,361	58.9	5.5	22.76	0.3	106,122,188.0	1,674.9	2:
1979	65,430	62.5	6.2	22.82	0.3	139,607,668.7	2,133.7	2?
1980	66,847	66.9	6.9	22.95	0.6	194,774,596.9	2,913.7	3(
1981	68,389	71.1	6.3	24.51	6.8	250,005,385.6	3,655.6	2:
1982	69,967	69.1	-2.9	57.18	133.3	171,349,965.0	2,449.0	-3:
1983	71,581	64.7	-6.4	150.29	162.8	118,961,474.5	1,661.9	-3:
1984	73,232	65.5	1.3	185.19	23.2	159,142,367.3	2,173.1	3(
1985	74,921	65.7	0.3	310.28	67.5	152,738,500.7	2,038.7	-(
1986	76,650	61.8	-5.9	637.87	105.6	124,149,591.6	1,619.7	-2(
1987	78,418	61.5	-0.4	1,405.80	120.4	137,509,958.7	1,753.6	?
1988	80,227	60.9	-1.0	2,289.58	62.9	170,534,028.1	2,125.6	2:
1989	82,078	61.5	1.0	2,483.37	8.5	204,407,104.9	2,490.4	1?
1990	83,971	62.8	2.1	2,812.60	13.3	244,046,682.8	2,906.3	1(
1991	85,583	63.8	1.7	3,017.89	7.3	286,678,845.9	3,349.7	1?
1992	87,185	64.4	0.9	3,094.46	2.5	329,348,755.2	3,777.6	1:

CUADRO A2
MEXICO: PIB *PER CAPITA* REAL (pesos) Y NOMINAL (dólares), 1900-2010

AÑO	Población[a/] (Miles)	PIB *per capita* (Pesos de 1980)	Var. %	Tipo de Cambio[b/] (Pesos/Dólar)	Var. %	PIB Nominal (Miles de Dólares)	PIB *per capita* (Dólares)	Var. %
1993	88,752	63.7	-1.2	3,115.23	0.7	360,463,528.7	4,061.5	7.5
1994	90,266	64.9	1.9	3,375.12	8.3	374,167,663.9	4,145.2	2.1
1995	91,725	59.5	-8.4	6,419.01	90.2	252,534,489.2	2,753.2	-33.6
1996	93,130	61.6	3.6	7,599.44	18.4	293,219,119.0	3,148.5	14.4
1997	94,478	64.8	5.3	7,918.46	4.2	353,618,908.4	3,742.9	18.9
1998	95,790	67.0	3.5	9,135.66	15.4	371,012,886.0	3,873.2	3.5
1999	97,115	68.7	2.5	9,560.53	4.7	423,829,225.7	4,364.2	12.7
2000	98,439	72.2	5.2	9,455.57	-1.1	512,112,558.5	5,202.4	19.2
2001	99,716	71.2	-1.4	9,342.46	-1.2	547,919,631.9	5,494.8	5.6
2002	100,909	70.9	-0.4	9,655.96	3.4	571,697,489.5	5,665.5	3.1
2003	102,000	71.1	0.3	10,789.02	11.7	562,916,558.6	5,518.8	-2.6
2004	103,002	73.3	3.0	11,285.97	4.6	610,419,342.4	5,926.3	7.4
2005	103,947	74.9	2.3	10,897.89	-3.4	682,446,286.9	6,565.3	10.8
2006	104,874	78.1	4.2	10,899.24	0.0	765,485,984.2	7,299.1	11.2
2007	105,791	80.0	2.4	10,928.19	0.3	824,233,482.6	7,791.2	6.7
2008	106,683	80.4	0.5	11,129.72	1.8	874,631,646.3	8,198.5	5.2
2009	107,551	74.3	-7.6	13,513.48	21.4	704,671,303.0	6,552.0	-20.1
2010	108,396	75.9	2.2	13,800.00	2.1	745,152,808.7	6,874.3	4.9

Fuentes:

a/ Para el periodo 1899-1969 la referencia es INEGI (2000: 333-334), excepto para 1911-1920 cuyos datos fueron tomados de Peña y Aguirre (2006: cuadro A.6 del Anexo Estadístico); para el periodo 1970-1979 la referencia es Gracida (2002: 178); para 1980 el dato es del X Censo General de Población y Vivienda; para el periodo 1981-1989 se aplicó la tasa de crecimiento promedio anual del periodo 1980-1990; para el periodo 1990-2010 son estimaciones del CONAPO.

b/ Para el periodo 1899-1989 se refiere al promedio de cotizaciones diarias tomadas de INEGI (2000: 884); para el periodo 1990-2009 se refiere al tipo de cambio para solventar obligaciones denominadas en moneda extranjera, a fecha de liquidación, cotizaciones promedio de cada mes, calculado por Banco de México. Para 2009 y 2010 son las estimaciones contenidas en SHCP (2009).

CUADRO A3
MEXICO: IMPORTACIONES Y EXPORTACIONES, 1900-2010

AÑO	Importaciones Totales	Exportaciones Totales	Importaciones Totales	Exportaciones Totales	Importaciones procedentes de Estados Unidos	Exportaciones hacia Estados Unidos
	(Millones de Dólares)		(% del PIB)		(% Imp. Totales)	(% Exp. Totales)
1900	29.6	72.5	4.6	11.4	50.9	7
1901	63.8	75.8	7.6	9.0	54.1	7
1902	67.2	76.3	9.6	10.9	58.9	8
1903	80.2	87.0	10.2	11.1	53.7	7
1904	81.4	96.1	8.8	10.4	54.4	7
1905	88.9	104.0	7.9	9.2	56.2	7
1906	109.7	135.2	9.9	12.1	66.2	6
1907	116.1	124.0	9.9	10.6	63.0	7
1908	110.3	120.8	9.2	10.1	53.2	7
1909	77.9	115.0	5.9	8.8	57.9	7
1910	98.9	129.4	6.4	8.4	57.9	7
1911	102.4	146.1			55.0	7
1912	90.9	148.3				
1913	94.0	146.9				
1914	19.6	36.6				
1915	4.7	22.5				
1916	3.6	20.4				
1917	99.7	160.6				
1918	152.6	207.5				
1919	119.1	197.9				
1920	147.6	425.4				
1921	241.7	375.9	9.0	14.0		
1922	150.5	313.9	6.7	14.0		
1923	153.0	276.0	6.3	11.3		
1924	155.2	297.0	6.9	13.3		
1925	192.6	336.2	7.4	13.0		
1926	184.2	334.2	7.0	12.6		
1927	163.4	298.9	6.9	12.7		
1928	172.0	284.8	7.1	11.8		
1929	177.8	274.7	7.6	11.7		
1930	154.9	203.0	7.0	9.2		
1931	81.7	150.8	4.7	8.7		
1932	57.3	96.4	5.7	9.5	63.8	6
1933	69.9	104.3	6.5	9.7	59.9	4
1934	92.8	178.8	8.0	15.5	60.7	5
1935	112.8	208.4	8.9	16.5	65.3	6
1936	128.9	215.4	8.7	14.5	59.1	6
1937	170.5	247.9	9.0	13.1	62.2	5
1938	109.3	185.4	6.8	11.5	57.7	6
1939	128.2	216.1	8.5	14.4	66.0	7
1940	132.4	213.9	8.7	14.0	78.8	8
1941	199.5	243.2	10.5	12.8	84.3	9
1942	172.2	272.5	7.8	12.4	87.2	9
1943	212.2	410.1	7.9	15.3	88.6	8

MEXICO: IMPORTACIONES Y EXPORTACIONES, 1900-2010

ÑO	Importaciones Totales	Exportaciones Totales	Importaciones Totales	Exportaciones Totales	Importaciones procedentes de Estados Unidos	Exportaciones hacia Estados Unidos
	(Millones de Dólares)		(% del PIB)		(% Imp. Totales)	(% Exp. Totales)
944	311.0	432.2	8.0	11.1	88.1	85.1
945	372.5	500.7	8.8	11.8	82.4	83.5
946	600.6	570.1	10.4	9.9	83.6	70.0
947	720.3	713.9	11.3	11.2	88.4	76.6
948	591.4	715.5	10.3	12.4	86.7	75.3
949	514.4	701.1	11.3	15.4	87.0	78.7
950	555.7	493.4	11.4	10.1	84.4	86.4
951	822.2	591.5	13.1	9.4	81.5	70.4
952	807.4	625.3	11.5	8.9	82.8	78.6
953	807.5	559.1	11.5	8.0	77.1	72.3
954	788.7	615.8	12.1	9.4	80.5	60.1
955	883.7	738.6	12.3	10.3	79.3	60.7
956	1,071.6	807.2	13.0	9.8	78.3	56.1
957	1,155.2	706.1	12.2	7.5	77.0	64.4
958	1,128.7	709.1	10.7	6.7	77.0	61.0
959	1,006.6	723.0	8.9	6.4	72.9	60.7
960	1,186.4	738.7	9.3	5.8	72.1	61.5
961	1,138.6	803.5	8.2	5.8	69.8	62.4
962	1,143.0	906.5	7.6	6.1	68.2	61.4
963	1,239.7	944.1	7.5	5.7	68.5	63.7
964	1,493.0	1,026.7	7.6	5.2	68.5	59.5
965	1,559.6	1,126.4	7.3	5.3	65.7	56.2
966	1,602.0	1,169.9	6.7	4.9	63.8	54.3
967	1,736.8	1,102.9	6.7	4.2	62.9	56.1
968	1,917.3	1,165.0	6.7	4.0	63.0	59.9
969	1,988.8	1,341.8	6.2	4.2	62.4	66.6
970	2,500.5	1,289.6	7.0	3.6	63.6	70.9
971	2,423.6	1,365.6	6.2	3.5	61.4	70.4
972	2,963.7	1,666.4	6.5	3.7	60.4	70.2
973	4,165.7	2,071.7	7.5	3.7	59.6	62.6
974	6,545.1	2,853.2	9.0	3.9	62.3	58.0
975	7,128.8	3,062.4	8.0	3.4	62.8	61.4
976	6,679.7	3,655.5	7.5	4.1	62.5	62.1
977	6,022.5	4,649.8	7.2	5.5	63.0	66.7
978	8,336.5	6,063.1	7.9	5.7	60.7	69.7
979	11,979.7	8,817.7	8.6	6.3	62.4	68.7
980	18,832.3	15,134.0	9.7	7.8	65.2	65.2
981	23,929.6	19,419.6	9.6	7.8	63.4	53.3
982	17,010.6	24,055.2	9.9	14.0	59.9	50.7
983	11,848.3	25,953.1	10.0	21.8	61.5	58.2
984	15,916.2	29,100.4	10.0	18.3	60.4	56.7
985	18,359.1	26,757.3	12.0	17.5	59.7	60 7
986	16,783.9	21,803.6	13.5	17.6	59.8	65.8
987	18,812.4	27,599.5	13.7	20.1	59.4	65.2
988	28,082.0	30,691.5	16.5	18.0	62.3	66.0

CUADRO A3
MEXICO: IMPORTACIONES Y EXPORTACIONES, 1900-2010

AÑO	Importaciones Totales	Exportaciones Totales	Importaciones Totales	Exportaciones Totales	Importaciones procedentes de Estados Unidos	Exportaciones hacia Estados Unidos
	(Millones de Dólares)		(% del PIB)		(% Imp. Totales)	(% Exp. Totale
1989	34,766.0	35,171.0	17.0	17.2	62.4	6
1990	41,593.3	40,710.9	17.0	16.7	65.6	6
1991	49,966.6	42,687.5	17.4	14.9	73.8	7
1992	62,129.4	46,195.6	18.9	14.0	71.3	8
1993	65,366.5	51,886.0	18.1	14.4	69.3	8
1994	79,345.9	60,882.2	21.2	16.3	69.1	8
1995	72,453.1	79,541.6	28.7	31.5	74.4	8
1996	89,468.8	95,999.7	30.5	32.7	75.5	8
1997	109,807.8	110,431.4	31.1	31.2	74.7	8
1998	125,373.1	117,539.3	33.8	31.7	74.4	8
1999	141,974.8	136,361.8	33.5	32.2	74.1	8
2000	174,457.8	166,120.7	34.1	32.4	73.1	8
2001	168,396.5	158,779.7	30.7	29.0	67.6	8
2002	168,678.9	161,046.0	29.5	28.2	63.2	8
2003	170,545.8	164,766.4	30.3	29.3	61.8	8
2004	196,809.6	187,998.5	32.2	30.8	56.3	8
2005	221,819.5	214,233.0	32.5	31.4	53.4	8
2006	256,058.4	249,925.1	33.5	32.6	50.9	8
2007	281,949.0	271,875.3	34.2	33.0	49.5	8
2008	308,603.3	291,342.6	35.3	33.3	49.0	8

Fuentes:

INEGI (2000) y Banco de México. Para detalles véase el Apéndice Metodológico B.

CUADRO A4
MEXICO: INDICADORES FINANCIEROS, CONSUMO E INVERSION, 1900-2010

AÑO	Oferta Monetaria (M4) [a/] (Millones de Pesos)	Profundización Financiera [b/] (%)	Balance Público [c/] (% del PIB)	Consumo Privado [d/] Var. %	Inversión [e/] Var. %
1900	0.1	4.9	0.49		
1901	0.2	10.2	0.23		
1902	0.2	12.4	0.18		
1903	0.2	12.0	0.43		
1904	0.2	12.1	0.54		
1905	0.3	11.4	0.57		
1906	0.3	12.8	1.04		
1907	0.3	12.8	1.24		
1908	0.3	12.9	0.79		
1909	0.4	13.3	0.23		
1910	0.4	12.6	0.35		
1923			-1.66		
1924			0.17		
1925	0.4	7.6	0.55		
1926	0.5	9.1	0.04		11.5
1927	0.4	8.0	-0.06	-5.3	-1.2
1928	0.6	12.0	0.48	1.4	13.0
1929	0.6	12.3	0.95	-4.3	-8.6
1930	0.6	12.9	0.21	-9.1	18.9
1931	0.2	4.7	0.69	-2.2	-26.1
1932	0.3	9.4	0.00	-11.9	-24.2
1933	0.4	10.6	-0.61	12.1	31.1
1934	0.5	12.0	0.72	1.4	29.8
1935	0.5	11.0	0.26	10.6	7.6
1936	0.7	13.1	-0.39	8.8	1.5
1937	0.8	11.8	-0.41	4.3	13.0
1938	0.8	11.0	-0.91	-0.8	-6.9
1939	1.0	12.8	-0.06	8.2	-9.0
1940	1.2	14.5	-0.67	0.5	23.9
1941	1.4	15.2	-0.18	13.7	16.0
1942	1.9	17.8	-0.85	3.7	-10.4
1943	3.0	23.0	0.12	4.6	-1.2
1944	3.9	20.7	-0.84	15.4	15.8
1945	4.5	21.9	-0.82	-1.7	28.6
1946	4.4	15.8	0.86	8.3	23.0
1947	4.4	14.2	-0.28	3.4	10.6
1948	5.1	15.4	-1.53	-0.3	-2.5
1949	5.6	15.4	0.41	2.4	-4.0
1950	7.6	18.0	-0.20	10.6	10.1
1951	9.1	16.7	-0.30	2.1	18.0
1952	9.5	15.6	1.40	8.7	6.2
1953	11.4	18.8	-0.90	-0.9	-12.3
1954	12.4	16.8	-1.00	10.2	6.7
1955	14.0	15.5	-0.30	5.1	12.7
1956	16.1	15.6	-0.40	7.2	13.9
1957	17.3	14.6	-0.80	10.7	-4.5

CUADRO A4
MEXICO: INDICADORES FINANCIEROS, CONSUMO E INVERSION, 1900-2010

AÑO	Oferta Monetaria (M4) [a/] (Millones de Pesos)	Profundización Financiera [b/] (%)	Balance Público [c/] (% del PIB)	Consumo Privado [d/] Var. %	Inversión [e/] Var. %
1958	18.6	14.2	-0.70	6.7	-9.0
1959	20.9	14.8	-0.60	2.4	-3.0
1960	29.1	18.2	-0.80	4.1	26.5
1961	32.8	18.9	-0.70	4.0	-6.1
1962	38.0	20.3	-0.40	3.7	-3.8
1963	45.0	21.6	-1.30	6.1	8.9
1964	55.5	22.6	-0.80	11.3	18.1
1965	65.0	24.3	-0.80	6.9	-1.9
1966	78.0	26.2	-1.10	5.2	2.3
1967	93.0	28.6	-2.10	6.6	7.5
1968	107.1	29.8	-1.90	6.9	3.0
1969	127.6	32.1	-2.00	6.7	-1.0
1970	150.9	34.0	-3.40	6.4	0.5
1971	171.9	35.0	-2.30	5.2	-7.9
1972	202.6	35.7	-4.50	6.7	7.0
1973	231.2	33.2	-6.30	6.6	11.6
1974	274.0	30.0	-6.70	5.2	13.7
1975	346.1	30.9	-9.30	5.7	1.7
1976	395.4	28.2	-9.10	4.5	-5.4
1977	522.0	27.4	-4.99	2.0	-3.5
1978	706.0	29.2	-5.03	8.1	8.4
1979	973.0	30.5	-5.24	8.8	13.9
1980	1,399.1	31.3	-5.61	7.5	19.4
1981	2,076.1	33.9	-11.86	7.4	12.2
1982	3,649.0	37.2	-14.07	-2.5	-26.0
1983	6,095.0	34.1	-7.34	-5.4	-28.7
1984	10,391.0	35.3	-6.40	3.3	3.7
1985	16,267.4	34.3	-7.10	3.6	7.9
1986	34,089.2	43.0	-13.48	-2.8	-21.3
1987	88,100.1	45.6	-14.14	-0.1	3.3
1988	131,521.1	33.7	-9.21	1.8	9.2
1989	204,894.0	40.4	-5.19	7.3	-0.7
1990	301,315.4	43.9	-2.41	6.4	9.0
1991	395,153.5	45.7	3.06	4.7	7.9
1992	468,036.7	45.9	4.53	4.7	11.2
1993	590,156.8	52.6	0.76	1.5	-2.6
1994	737,460.4	58.4	0.05	4.6	8.5
1995	898,118.4	55.4	-0.20	-9.5	-35.8
1996	1,183,254.1	53.1	-0.15	2.2	23.8
1997	1,521,907.2	54.4	-0.70	6.5	23.1
1998	1,903,797.0	56.2	-1.40	5.4	9.0
1999	2,278,628.0	56.2	-1.30	4.3	2.6
2000	2,571,000.0	53.1	-1.25	8.2	10.2
2001	2,982,719.0	58.3	-0.79	2.5	-5.0
2002	3,304,619.2	59.9	-1.32	1.6	-2.3
2003	3,750,715.0	61.8	-0.79	2.2	-5.2
2004	4,222,003.0	61.3	-0.30	5.6	21.8

CUADRO A4
MEXICO: INDICADORES FINANCIEROS, CONSUMO E INVERSION, 1900-2010

AÑO	Oferta Monetaria (M4)[a/] (Millones de Pesos)	Profundización Financiera[b/] (%)	Balance Público[c/] (% del PIB)	Consumo Privado[d/] Var. %	Inversión[e/] Var. %
2005	4,857,180.7	65.3	-0.14	4.8	4.9
2006	5,480,439.4	65.7	0.10	5.7	19.4
2007	6,113,360.2	67.9	0.04	3.9	5.6
2008	7,165,337.0	73.6	-0.12	1.5	9.4
2009			-2.1		
2010			-2.5		

Fuentes:

a/ Para el periodo 1900-1984 la fuente es INEGI (2000: 867-870) y el agregado monetario se define como: M4 = M3 + instrumentos financieros a plazo moneda nacional y extranjera; M3 = M2 + instrumentos no bancarios líquidos ofrecidos al público moneda nacional y extranjera; M2 = M1 + instrumentos bancarios líquidos ofrecidos al público moneda nacional y extranjera; M1 = billetes y monedas metálica + cuentas de cheques moneda nacional y extranjera. Para el periodo 1985-2009 la fuente es Banco de México y se refiere al agregado monetario ampliado el cual toma en consideración al sector público y se define como: M4 = M3 + captación de sucursales y agencias de bancos mexicanos en el exterior; M3 = M2 + activos financieros internos en poder de no residentes; M2 = M1 + activos financieros internos en poder de residentes; M1 = billetes y monedas en poder del público + cuentas de cheques en bancos residentes moneda nacional y extranjera + depósitos en cuenta corriente en bancos residentes moneda nacional y extranjera + depósitos a la vista de las Sociedades de Ahorro y Préstamo.

b/ Definida como M4/PIB. Aspe (1993: 72) menciona que este indicador mide el grado de intermediación financiera.

c/ Para el periodo 1900-1949 la fuente es INEGI (2000: cuadro 17.3.1) y se refiere a la diferencia entre los ingresos (efectivos) y egresos (ejercidos) del gobierno federal, y se utilizó el PIB nominal del cuadro A1 de este Anexo Estadístico. Para el periodo 1950-1976 la fuente es Aspe (1993: 75) y se refiere al balance del sector público. Para el periodo 1977-2008 la fuente es Banco de México y se refiere a los ingresos y gastos presupuestales del sector público, y se utilizó el PIB nominal del cuadro A1 de este Anexo Estadístico. Para 2009 y 2010 son estimaciones de SHCP (2009).

Referencias

Aspe, Pedro (1993) "El camino mexicano de la transformación económica", Fondo de Cultura Económica, México.

Ayala, José y José Blanco (1981) *El nuevo Estado y la expansión de las manufacturas. México, 1877-1930*, en Rolando Cordera (selección): 13-44.

Banco de México (1995) "Informe Anual 1994".

Barkin, David (1971) *La persistencia de la pobreza en México: un análisis económico estructural*, en Miguel Wionczek (comp.): 186-207.

Blanco, José (1981) *El desarrollo de la crisis en México, 1970-1976*, en Rolando Cordera (selección): 297-335.

Cabral, Roberto (1981) *Industrialización y política económica*, en Rolando Cordera (selección): 67-100.

Cárdenas, Enrique (2008) *El mito del gasto público deficitario en México, 1934-1956*, en María Eugenia Romero Sotelo (coord.) "Algunos debates sobre política económica en México, siglos XIX y XX", DGAPA UNAM, México: 241-275.

Cárdenas, Enrique (comp.) (1992) "Historia Económica de México", *El Trimestre Económico, Lecturas No. 64, vol. 3*, Fondo de Cultura Económica, México.

Cordera, Rolando (selección) (1981) "El desarrollo y crisis de la economía mexicana. Ensayos de interpretación histórica" *El Trimestre Económico, Lecturas No. 39*, Fondo de Cultura Económica, México.

Cordera, Rolando y Adolfo Orive (1981) *México: industrialización subordinada*, en Rolando Cordera (selección): 153-175.

Fitzgerald, E. V. K. (1981) *El déficit presupuestal y el financiamiento de la inversión: una nota sobre la acumulación de capital en México*, en Rolando Cordera (selección): 214-239.

Gracida. Elsa (2002) "El siglo XX mexicano. Un capítulo en su historia 1940-1982", DGAPA, Facultad de Economía, UNAM, México.

Gutiérrez, Aníbal (2006) *Concentración de la estructura productiva*, en Javier Cabrera (coord.) "Cambio estructural de la economía mexicana", Facultad de Economía, UNAM, México: 25-91.

Haber, Stephen (1992) *La Revolución y la industria manufacturera mexicana, 1910-1925*, en Enrique Cárdenas (compilador): 415-446.

INEGI (2000) "Estadísticas Históricas de México" Vol. I, 4ª edición, 1ª reimpresión, México.

Krauze, Enrique, Jean Meyer y Cayetano Reyes (1994) *La nueva política económica*, en Enrique Cárdenas (compilador): 15-32.

Maddison, Angus (1992) "La economía mundial en el siglo XX. Rendimiento y política en Asia, América Latina, la URSS y los países de la OCDE", Fondo de Cultura Económica, México.

Meyer, Jean (2000) *México: revolución y reconstrucción en los años veinte*, en Leslie Bethell (edit.) "Historia de América Latina" Vol. 9. "México, América Central y el Caribe, *c*. 1870-1930", Editorial Crítica, Barcelona: 146-180.

Meyer, Lorenzo (1994) *El desarrollo de la industria petrolera en México*, en Enrique Cárdenas (comp.): 228-255.

NAFIN (1990) "La economía mexicana en cifras", 11ª edición, México.

Peña, Sergio de la y Teresa Aguirre (2006) "De la Revolución a la Industrialización". Colección Historia Económica de México Vol. 4, Enrique Semo (coord.), UNAM-Océano, México.

Presidencia de la República (1994) "Sexto Informe de Gobierno", Anexo Estadístico, México.

Rosenzweig, Fernando (1989) *La evolución económica de México, 1870-1940*, en *El Trimestre Económico* 56 (1), Núm. 221: 11-56.

Salinas, Carlos (2000) "México: un paso difícil a la modernidad", Plaza y Janes, Barcelona.

SHCP (2009) "Criterios Generales de Política Económica para la Iniciativa de Ley de Ingresos y el Proyecto de Presupuesto de Egresos de la Federación correspondientes al Ejercicio Fiscal de 2010".

Solís, Leopoldo (2000) "La realidad económica mexicana. Reprovisión y perspectivas", 3ª edición, Fondo de Cultura Económica, El Colegio Nacional, México.

Wionczek, Miguel (1971) *Prólogo*, en Miguel Wionczek (comp.): 7-11.

Wionczek. Miguel (comp.) (1971) "La sociedad mexicana: presente y futuro", *El Trimestre Económico*, Lecturas No.8.

Womack, John (1992) *La economía en la Revolución (1910-1920). Historiografía y análisis*, en Enrique Cárdenas (compilador): 391-414.

Esta obra se terminó de imprimir en

Impresora PubliMex, S.A.
Calz. San Lorenzo No. 279-32
México, D.F.

1000

www.ingramcontent.com/pod-product-compliance
Lightning Source LLC
Chambersburg PA
CBHW021045180526
45163CB00005B/2300